高等学校高职高专艺术设计类专业"十二五"规划教材
浙江省"十一五"重点教材建设项目

编审委员会

高等学校高职高专艺术设计类专业"十二五"规划教材
浙江省"十一五"重点教材建设项目

工业设计专业毕业设计指导教程

编写委员会

主　编　杜世禄

副主编　孙超红　　焦合金　　胡雅丽

高等学校高职高专艺术设计类专业『十二五』规划教材

浙江省『十一五』重点教材建设项目

工业设计专业
毕业设计指导教程

杜世禄　主编

中国出版集团

东方出版中心

图书在版编目（CIP）数据

工业设计专业毕业设计指导教程 / 杜世禄主编. —
上海：东方出版中心，2013.12
　ISBN 978-7-5473-0640-6

　Ⅰ．①工… Ⅱ．①杜… Ⅲ.①工业设计－毕业实践－
高等学校－教材 Ⅳ．① TB47

　中国版本图书馆CIP数据核字（2013）第287793号

总 策 划　海上图志　HAISHANG TUZHI
策划编辑　宗凌娅
责任编辑　赵　明　张　静
设计总监　赵志勇
美术编辑　眭　欢

工业设计专业毕业设计指导教程

出版发行 ：　东方出版中心
地　　址 ：　上海市仙霞路345号
订购电话 ：　021-52718399
邮政编码 ：　200336
经　　销 ：　新华书店
印　　刷 ：　业荣升印刷（昆山）有限公司印刷
开　　本 ：　787mm×1092mm　1/16
印　　张 ：　6.75
印　　次 ：　2013年12月第1版第1次印刷
ISBN　978-7-5473-0640-6
定　　价 ：　46.00元

内容介绍
CONTENT DESCRIPTION

    本教材为浙江省"十一五"重点教材建设项目,它从选题、设计、评价三个角度对创意设计制作类专业的毕业设计方法和设计流程进行了全面阐述,内容涉及日用工业品设计、家具设计和服饰设计。第一章对毕业设计的概念、功能、特性做了介绍,重点对选题来源、组织方法、选题要求等作了详细说明。第二章是对毕业设计的内容与要求等方面的详细介绍,以三个专业方向分别从解题、定题、构思、设计以及制作、展示等步骤进行讲解。第三章阐述毕业设计的评价考核方式,包含评价的原则、评价的方式等。

    本书不仅可以作为工业设计专业学生的毕业设计教材,也可以作为设计爱好者的参考书籍。

作者介绍
AUTHOR INTRODUCTION

杜世禄

    美术学博士、教授、国家一级美术师。其社会兼职为:乌克兰国立美术学院客座教授,浙江省高职高专艺术设计类教学专业指导委员会主任、金华职业技术学院专业规划指导委员会主任,中国美术家协会会员、中国书法家协会会员、中国摄影家协会会员、金华市美术家协会主席。其作品曾在美国、日本、芬兰、乌克兰、中国香港等地展览,在国内外都有较大的影响力。

前言

FORWORD.

随着"中国制造"向"中国创造"的过渡，高等职业艺术设计教育正面临着前所未有的契机。多年来的教学实践使我们体会到，毕业设计是学生夯实设计能力的重要环节，也是教师系统展示教学理念和方法的重要平台，它对完善艺术设计类专业人才培养模式具有重大意义。

然而，艺术设计专业的毕业设计沿袭传统的教学模式，毕业设计内容多是以往专业课程内容的重复，课题往往来源于虚拟的设计项目，设计主题也远离生活，缺乏深度；毕业设计要求形式规范、内容完整，但缺乏设计在生活中的深入理解，仅局限于表面的形式，缺乏表现力度，对形式美的感知与掌控能力差；在教学过程时，过分强调创意、形式美感等感性特质，而脱离市场，脱离设计作品本身的功能性或者在工艺上难以实现。这些问题的存在，导致了毕业设计对学生的设计创新精神培养不足，学生对设计主题的把握和社会实践能力的提高并无多大促进作用，设计成果往往不切实际，难以与岗位对接，学生对毕业设计也就没有新鲜感，也就不可能全心地投入热情与精力。

毕业设计作为一个就业前的职场演练，如何设置才能最大限度地提升学生的职业能力，这是艺术设计类毕业设计教学亟须解决的问题。这既包含理念的改变、模式的创新，也需要有教材的支撑。

作为高职教育，我们强调实践。真正的实践课题是一种理念的引导，我们很难要求毕业生有惊天动地的创意、创新、创造，但一定要有超前的设计理念。所以，毕业课题的应用不是简单的设计项目的拷贝，而应该是在实际应用过程中所体现出来的一种观念，一种设计者必须具备的特质的挖掘。毕业设计课题应当源于设计、高于设计。要想抓好毕业设计，必须牢牢把握"选题、设计、评价"这三个环节，我们强调项目的真实性，强调要按照企业的要求、行业的规范进行真题真做，强调由指导教师集体评价或者直接由用户评价。

选题是毕业设计的源头。应用性、现时性是毕业设计选题的基本要求，选题的来源非常广泛，例如企业项目、学生实习过程的工作项目、设计竞赛项目等。艺术设计类专业是最应该强调创意、创新的专业，只有与市场接轨，让毕业生选用真任务，甚至是投标任务作为毕业设计的题目，真题真做，才不会是停留在设计效果图上的纸上谈兵或一些浅层次的花样翻新，同时也有利于指导教师积累教学经验，加强专业与企业的关系。

设计是毕业设计的核心。设计作为一种职业任务，有着较为明晰的规范和流程，简言之，就是市场考察与调研、方案构思、方案评估、确认定稿、工艺设计与制作、展示设计等环节。在这一环节，要处理好程序与创新的关系，强调程序并不是否定创新，程序是保证设计的规范性，而创新才是设计的本质要求。针对不同的专业方向，在强调专业共性的同时兼顾个性内容，配备足量的教学示范案例。

评价是毕业设计的关键。评价的目的既是为了给学生的毕业教学环节确定成绩，又是为了检验毕业教学的效果。针对不同的设计课题，其成果各不相同，可以是设计效果图、模型、成品、视频等。评价的原则不仅仅是对设计过程的评价，也是对设计成果的评价，还要重视学生对设计的理解和把握，对材料、成本、客户管理等方方面面的考查。可以采用自我评价、小组评价、指导教师评价、市场或客户评价相结合，以此考核学生的学习成果和综合能力。

　　我们利用浙江省教育厅高职教育重点教材这个平台，组织了相关学校的专业带头人和骨干教师，针对艺术设计类专业学生的学习特点，全面调研、系统设计、精心编制了本套系列教材，希望以此推进全省艺术设计类专业人才培养模式的改革进程。全套教材涵盖了艺术设计类的主要专业，每本教材都分为〝选题〞、〝设计〞和〝评价〞三章，内容丰富、针对性强、文字简洁、图表清晰。但由于毕业设计教学改革处于探索阶段，加之我们的水平所限，教材中不足之处在所难免，恳请同行专家和同学们批评指正。

浙江省高职教育艺术设计教育指导委员会主任

杜世禄

2013年5月于金华

目录

CONTENTS.

第一章
选　题

在高职教育不断改革的背景下，许多高职院校将毕业设计与毕业实习有机地融为一体，学生一边实习，一边完成毕业设计作品，体现了"实用、管用、够用"的目标定位。生活中的各种产品是永远变化着的艺术，工业设计专业学习内容可以跨越艺术创造、工业生产、市场流通等领域。在这样的专业背景下，学生的毕业设计的理想境界是：既能用实物化的产品表达非物质的精神诉求，在设计过程中最大限度地发挥创造力；又能用设计作品直接服务于消费者，表现出良好的市场实践能力。毕业设计就是为学生成为"设计师"所做的演练，在整个过程中，学生应该从选择主题、资料搜集及分析、材料创新、设计构思记录、造型和工艺、流行预测与市场分析等方面作一次全面的综合训练。在训练中从观念上、方法上进入终身学习的状态，同时在实践中通过与他人合作形成健康的人格素质和良好的职业态度，为融入社会做好准备。

第一节　毕业设计概述

一、毕业设计概念

毕业设计是教学过程的最后阶段所采用的综合性实践教学环节，也是最重要的教学环节之一；是学生将所学理论知识和专业知识，通过实际工作任务或生产项目进行的完整、系统、综合的演练；是学生毕业前的一次大作业，是向老师、家长及社会的一次整体汇报。毕业设计是学校学习与社会学习之间的衔接，既体现学校各课程所教授知识与技能的综合，掌握及灵活运用，又展现学校、学生与企业、社会之间的互动与促进。

二、毕业设计功能

毕业设计是学生在教师的指导下，综合应用所学的基础理论、专业知识和技能进行全面、系统、严格的技术及基本能力的练习。学生在毕业设计过程中，综合性地运用三年内所学的知识技能去设计、分析、解决一个具体课题，在梳理和运用所学知识的同时又能提高自身的实践能力。毕业设计能激发学生参与社会实践的兴趣，使其能独立自主地将所学知识应用于实践，拉近与将来的工作岗位的距离，缩短工作上手的时间，提高学生就业能力。

毕业设计的功能主要表现在两个方面：一是巩固学生的基础专业知识与技能。毕业设计过程中学生能学会阅读参考文献，掌握收集、分析、运用资料以及进行规范设计的程序与方法，培养学生的自我学习能力以及实践应用能力。二是培养学生综合组织管理设计项目的能力。通过毕业设计策划、市场调研、立题、搜集素材、设计方案、工艺制作等一系列组织运作过程，培养学生善于发现问题、提出问题、分析问题，并最终解决问题的能力。

三、毕业设计特性

（一）专业性

工业产品的设计与制作既不是纯技术，也不是纯艺术，而是艺术与技术的高度融合，是多学科高度交叉的综合性学科。专业能力是专业毕业生必备的首要条件，而这种能力的获得要经过一定时间的系统学习来逐渐积累。作为工业产品设计人员，应该接受设计专业系统的教育培养，具有较为完整的设计能力与专业素养，对所从事的设计领域从技术到理论均有很好的把握，不仅在设计技术表现上有扎实的基本功，而且在专业理论方面具有较全面的学术素养。具有较高的专业理论素养的重要意义还在于，能用理论指导设计者的设计实践，熟练地掌握设计的固有规律，把自发的设计行为转化为自觉的创造性活动，在设计行为能力和专业理论素养上都能体现出"专业"的专属性和权威性。

（二）应用性

毕业设计是对即将步入社会的毕业生能力的一次全面考核，毕业设计的成果应考虑应用性。只有以企业的标准、企业所采用的程序和方法指导设计实践，以科学合理的方法来控制设计过程，重视设计方法的

应用，提高设计效率，才能缩短与企业就业的距离。因此，进行毕业设计时，不论是实际性课题还是虚拟性课题，都要做到完整而规范，确保在生产、应用等各个环节的可操作性。

（三）创新性

所谓设计的创新，包含着不同的层次和内容，它可以是在原有基础上进行的改良，即推陈出新；也可以是完全的创新，如独辟蹊径，既指新观念、新思维和新思潮，也可指新材料、新技术、新样式。设计的创新既要能满足人们不断变化的需求，更要能够引领人类的生活方式。在一定意义上，设计即创新，创新是产品设计的本质特征，创造力是产品设计的核心竞争力，只有体现出创新性的设计成果才会被市场接受，并富有生命力。工业产品设计的创新和创造不但是审美的要求，更是现代设计的基本要求。人的审美心理本就蕴含着求新、求异、求美的特征，所以就决定了设计必须做到求新、求异、求变，设计的过程就是创造新事物的过程。作为未来的设计师，毕业设计的重要任务在于，科学而准确地把握主题的内涵，追求卓越独特的设计创意，同时也要不断地探索新的表现形式，为设计注入新鲜血液，丰富艺术传达中的表现手法，从而提升设计作品的表现力和感染力。

第二节　选题的来源

毕业设计的选题来源非常广泛，毕业生可根据所学习的专业方向和自己的爱好兴趣进行选题。如果部分同学的毕业设计不能与本专业贴近，也可以找相对接近的专业选择项目进行毕业设计。在选题方面，始终坚持审美创新和实用价值为设计理念，结合校内实训和校外社会实践中获得的内容进行思维构想和设计创作，充分运用所学的专业知识，体现自己在项目设计和实际操作过程中的应用技能与表现。因此，选题要具有创新意识和探索精神，从新的视野、新的角度和新的方法入手。

一、开展选题的前提条件

毕业设计选题应具备前瞻性、实用性、创新性，充分体现学生的观察力、判断力、理解力及审美能力。"前瞻性"是选题第一关键，选题切忌陈旧，尽量避免别人已做过的研究。大部分毕业生缺乏创新意识，其根源在于自己对准备探索的领域认识不够全面、透彻；对于以前做的研究深度亦缺乏深刻的认识，找不到独特的视角和切入点。所以，开展选题工作前一定要做好相应的准备。

（一）要有充足的生活资料来源

"巧妇难为无米之炊"，在缺少资料的情况下，很难设计（创造）出高质量，高水平的作品。选择一个具有丰富资料来源的设计项目，对顺利开展毕业设计工作，深入研发与设计创作很有帮助。

（二）要有浓厚的生活兴趣

学生应选择自己感兴趣的设计项目，有了兴趣才有动力，才能激发设计（创作）的热情，才能专心致志以耐心的积极心态完成毕业设计任务。

（三）要适合自己的特长和能力

选题的大小难易应取决于学生自己的特长和能力，量力而行。毕业生应结合自己的专业方向、职业前程和事业领域做好选题，为今后从事设计工作打下良好的基础。

二、从生活实践中获取题材

毕业设计的选题不同于一般理论性的科研课题，它与学生个人的专业方向、职业生涯、就业岗位等相关领域有着密切的联系。因此，一个有责任心和事业心的学生，对选题应持认真、慎重的态度，做好毕业设计的选题工作，不仅仅是起个题目，而是了解选题的原则、要求以及掌握选题的一些具体方法与技巧，通过选题寻找自己感兴趣的、富有市场潜力的题材，将其作为毕业设计的项目进行研发、设计与创作。比如，日用工业品设计方向的毕业生，当接到毕业设计的任务时，首先应想到的是自己最感兴趣、最有吸引力的产品是什么；最常见、最熟悉、最新颖的创意产品有哪些；是家用电器产品如电冰箱、洗衣机、微波炉、空调，还是电子产品如MP4、电脑、游戏机、照相机、手机，或是日常用品如眼镜、日用化妆品，要从中选择最为适合自己设计的产品，作为创意改良或研发创新的设计项目。

毕业设计是一种具有创造性的活动。毕业生不但要有个人的见解和主张，同时还需要具备一定的主、客观条件。学生在选题时，还应结合自己的特长、能力、兴趣及所具备的物质条件来选题。毕业设计可一人一题，需要多人合作的项目，可以组成一个设计团队分工合作进行研发创作，只要符合专业培养目标并达到预期的成果都可以做一些尝试。

三、从消费者需求提取灵感

消费者的消费活动形成市场，市场需求是无法阻挡的。我们不能强迫消费者买什么，不买什么，也不能强迫消费者去认同或购买某种产品。创意设计灵感来自消费者的需求，而我们能做的就是设计、创造、生产出消费者喜欢或需求的产品。在通常情况下，毕业生应弄清楚消费者需要什么样的产品后再决定设计什么样的产品，为谁设计产品和怎样来设计这些产品。只有充分了解市场和分析消费者的购买心态，找准设计语言，迎合消费需求，以最经济的产品设计，为生产营销商赢得最大利润和提高产品的市场占有率，以消费群体公认的且生产能够满足的"美"来赢得消费者的芳心，这样的设计才有价值，这也是任何一个设计师、制造者、营销商所一直追求的。

四、从企业生产中寻找项目

毕业设计应与生产实践、就业、创业相结合。因为项目的设计（创作）来自企业才真实可信。将校内实训教学与校外顶岗实习同步实施，把在企业实习中所承担的工作任务作为学生毕业设计的最佳选题。比如，毕业生在企业或公司顶岗实习期间，有机会接触一些实际工作项目，从中一边实习工作，一边进行毕业设计与创作，为设计与创作提供更多的方便，既完成了工作任务，又做完了毕业设计，学生的毕业设计成果还可能得到企业、公司及客户的认同。公司也会因为学生的工作业绩优秀而吸纳学生为该公司的员工；也会因为学生的能力突出，有多家企业同时介绍学生到其他相关企业工作。

只有深入到企业，让设计作品变为产品，毕业设计才有价值和意义。只有通过到企业、公司实习锻炼，在顶岗实习期间进行毕业设计创作，才能将自己毕业设计创作的作品转化为生产力。指导教师带毕业生到企业、公司顶岗实习参与研发设计与制作生产，寻求相关的设计产品进行设计与制作，一方面通过实际案例完成实习教学计划，另一方面在实际项目任务的实施与运作中完成毕业设计作品。

从企业生产中寻找项目，有以下益处：通过与企业专业人士的沟通交流，摸清需求，能够选择相关主题；通过咨询和互相提醒、讨论碰撞有可能出现理想的主题。工业设计专业的学生在进行工业日用产品、家具产品、服饰产品设计时，应与企业公司密切联系，包括开展产品设计的参观、座谈等的实践活动，通过校内实训和校外顶岗实习的实践进行设计与创作，才有可能搏得企业的信任和青睐。只有开展有实战性的设计项目，才能全面体现毕业设计的意义和价值。

第三节　选题的要求

选题一直以来都是工业设计专业毕业设计核心环节之一，好的设计主题、设计方向能使学生的毕业设计顺利开展。工业设计专业学生毕业设计题目来源不外乎以下三种：第一种是来自企业的实际项目或者是由专业教研室统一给出的设计主题；第二种是指导老师擅长的设计领域；第三种是学生感兴趣的设计方向。在此基础上，学生可以选择自己毕业设计的方向，而最终选中的题目必须考虑以下基本要求：

一、专业及岗位贴近度

工业设计专业的学生在选择毕业设计主题时首先需要考虑的是，该主题是否符合未来的工作岗位要求，即从事一线产品设计的要求。学生在选题时必须紧扣本专业的培养目标所指向的岗位，选择与专业高度关联的设计项目或具有明显现实意义的课题。如果选题内容完全脱离了本专业的培养目标及岗位要求，就不宜作为毕业设计题目。

二、选题的创新性

毕业设计一方面要求工业设计专业学生能综合先前所学的知识完成一整套设计方案，同时要求设计主题具有较强的创新性。选题过程中切忌出现"依葫芦画瓢"的课题，在综合训练的基础上，要求给学生一定的创造性空间，培养学生的创新性。没有新意、创造性的题目，不宜作为毕业设计题目。

三、选题的可操作性

在选题过程中应认真分析学生的知识和能力基础及软硬件条件，以达到综合训练的目的，选择具有先进性，问题复杂性、工作量和难度适中，在规定时间内能够取得阶段性成果的课题。避免因选题不当使得设计工作量太小及难度太低，导致出现设计无法达到要求的情况。同时，应尽量使学生在整个毕业设计过程中的工作量可以基本平均分配，避免出现一段时间工作量太多，一段时间又太少。同时，需要注意的是，毕业设计应该由学生独立完成，如果课题内容比较复杂需要多人合作完成的，需要明确学生独立完成的任务。

四、选题的具体步骤

（一）明确方向与定位

毕业设计工作布置后，学生应尽快确定一个适合自己设计的方向。在初步调查研究的基础上拟定选题的方向，还要深入市场进行调查，进一步确定选题范围，最后确定具体题目。比如一位工业设计毕业生想要对一款新产品进行研发设计，首先就要去市场了解消费者的购买心理需求，然后观察目前市场出现的最新样式、品牌价格及人们喜欢的色彩等，最终摸清产品的设计流程和制作工艺，测知产品设计出来后能否投入生产等，这些细节都要考虑。从生活的角度进行观察、了解、研究，结合设计创作等方面进行毕业设计选题十分重要。所以，从专业方向上选题是为我们今后干什么做准备。

（二）拟定选题内容

根据毕业设计的方向，在开题报告中设置内容。如说明这款产品的创新意义、市场需求、价值所在等设计理念，阐述现在这种产品的消费和使用状态，有什么缺陷？如何改良？怎样提高性能？这样设计的产品才有价值。经过详细的生产调研分析，在调研的基础上阐明这款产品的发展前景、人们使用后的感受、人们对该产品的未来期望以及产品的未来发展等。

（三）拟定具体题目

在选题的方向内容大致有了目标后，拟定毕业设计的具体题目。在选题的过程中，要经过反复的产品调查和研究，进一步挖掘选题题目的层次和范围，最终确定选题的具体题目。例如：选择一款产品作为毕业设计的选题，题目为"……概念手机设计"。选题决定着研究的方向和目标，关系着研究的价值和设计的成败。如果我们不深入思考，随意选一个题目便动笔撰写、设计（创作），即使有新意，往往也毫无价值。只有经过认真的思考，才能捕捉到富有新意的设计（创作）题目，从而设计（创作）出具有独到见解、富于创新且具一定价值的作品。只有反复地进行市场调研、认真构思创意，加上选题的方法得当，才会达到预想的良好效果。

第二章
设 计

随着创新时代的来临，知识、美感与创新设计已逐渐占据了市场的主导地位，同时也代替了土地、手工业制造等传统的生产方式，成为经济增长的主要因素。在这个知识结构不断变化，工业化信息化技术发展突飞猛进的年代，对于新时代的大学生来说，只有紧跟时代的发展潮流，从心理素质到创新应用技术各方面不断自我提升和完善，才能适应社会的发展和需要。

第一节 设计的基本要求

一、主题定位

毕业设计的主题定位很难用一个标准来衡量。从以往毕业设计指导的经验来看，毕业设计主题定位大致有两种方式：一是指导教师根据学生所学的专业性质，把当前社会经济发展的热点问题以及人们生活物资需求的综合信息情况，提供给学生供参考选择；二是学生自己根据自身的实际情况确立毕业设计主题。作为毕业设计的指导教师，往往以思想引导和跟踪辅导两种形式来开展工作，针对每个学生的具体情况来定位主题。学生可通过社会调查及资料收集来进行主题定位，也可以将平时的构思设计方案，通过加工后作为主题定位，还有的学生从设计作品中，不断改良设计实施与制作，最终确立主题而加以定位。总之，毕业设计这一环节是将课堂理论知识转化为实践能力的一个重要过程，学生在指导教师的帮助下，根据自身的水平、能力来选定一个适合自己的毕业设计主题。具体做法应注意以下几个方面：

（一）难易适度

也就是题目要大小适当，资料准备应充分，在市场调研和资料整理过程中需要大量的理论知识作支撑。在此阶段，指导教师与学生的沟通是最为频繁的。因为学生涉世不深，许多问题在实际做法中与学校课堂上所学到的理论知识有一定差距，专业指导教师要用自己的经验和阅历，帮助学生解决困惑，认识事物的本质，抛开社会上表面的消极因素，使学生以积极健康的心态迎接毕业设计的挑战，更好地应用创新理念和创意设计完成毕业设计任务。

（二）毕业设计题目不宜过大

毕业设计是学生初涉课题的研究，学生普遍存在着知识面窄、理论功底不足的问题，再加上专业学习阶段时间紧，课程多，常常有顾此失彼的现象。为此，毕业设计题目涉及的范围过大过广，学生必然掌控驾驭不住。指导教师要把握关键点，否则，主题定位过大会使学生难以胜任，最后可能半途而废，无法完成毕业设计。反之，毕业设计的主题定位过窄、太容易，则毕业设计层次太低，不能很好地反映学生几年来的学习成绩和设计水平，同时学生自己也得不到充分锻炼。选题最好能合乎学生的个性、爱好和兴趣，如果学生自己对毕业设计题目兴趣很高，就会有自发的热情和积极性，整个过程就会顺利许多。

（三）主题方向要明确

有了方向就可以少走弯路，避免浪费时间和精力。当指导的学生是产品造型设计方向，选题应涉及产品设计的范围。指导教师带领学生积极主动地同与专业相符合的公司企业联系，通过参观学习进行交流，向有经验的设计师多请教，了解企业的精神、理念及未来发展目标。在此过程中，应做好笔记或录音、摄影、摄像，写出详细的调研报告，并进行必要的量化分析，对已形成的文字进行整理、比对和认证。选题方向明确后，将其设计产品的功能、款式、创意与其他企业产品进行对比，根据主题的表现内容及范围，有针对性地查阅相关资料，确认选题的创造性、前瞻性、实用性和科学性。值得注意的是，选题应避免与别人冲突和雷同，造成不必要的"撞车"。

二、计划与安排

毕业设计为教学计划中的最后一个重要环节，是对学生综合应用所学的各种理论知识和技能的一个全面、系统、严格的检验。在毕业设计过程中，每个人都有自己独特的方式和方法，但大体可以分成三个阶段来开展。

（一）准备工作

（1）做任何一件事情都应有计划、有目的、有步骤地进行。毕业生要根据毕业设计主题进行准备，在最初的原始资料基础上，分析理解，提出多种设想并记录下来进行分析比较，以发散式多向性、不确定性和模糊性进行想象。

（2）充分对比分析现有的想法、创意点，择优录用其中一个方案并进行提炼升华，孕育出理想的、适合的、明确具体的形象概念，明确设计目标，确立设计形式、内容、表现等，预想可能出现的问题。

（3）完善前期的设计主题内容，形成完整的构思、构图及预想效果图。在反复修改、认知的过程中，逐步深化毕业设计，完善主题构思；在反复思考比较过程中获得最佳方案。这一阶段涉及选择设计素材、塑造主题形象、搭配版面色彩、作品功能与材料制作工艺等，都要进行全方位思考。

（二）时间分配

在毕业设计的实施中，合理分配时间也是设计与计划的一个重要的组成部分，以优化时间资源达到最佳的设计效果。在实际运作过程中，可能因项目的大小、难易程度的差异，根据实际情况调整工作计划，灵活机动地运用有限的时间。时间分配如下：

（1）市场调研，搜集文献参考资料，拟定题目等。建议在两周内完成。

（2）构思归纳，草图创意，确立表现形式等。建议在两周内完成。

（3）方案设计，包括效果图设计（手绘效果图、计算机软件效果图），产品模型制作等。

（4）工艺与制作，定稿、排版、打样、装裱、制作实物等。（3）（4）两项建议在11周内完成。

（5）装裱、布展、展示、交流、总结等。建议在1周内完成。

（三）组织管理

在毕业设计阶段，指导教师密切与学生互动交流，协助学生共同完成工作。

（1）制定指导计划，组织学生选题，对学生所拟定的毕业设计题目进行审定，并向学生下达一系列毕业设计的任务书，检查任务书填写情况。

（2）把握好毕业设计工作全过程，做好宏观组织与督促管理，定期组织检查毕业设计工作的进度和质量。对设计作品进行讲评与鉴定，以免产生抄袭行为。原创很重要，哪怕只有一点点新意，也比模仿抄袭要好得多。

（3）审阅定稿，参加毕业设计答辩工作，准确撰写学生评语和评定成绩，整理学生的全套材料，做好总结和材料归档工作。

三、设计说明书撰写要求

撰写毕业设计说明书是学生毕业设计过程的重要组成部分，是评价毕业设计质量高低的重要依据之一，更是对即将毕业的学生进行专业能力和学业水平评定的重要体现。随着毕业设计的修改完善，设计说明书相应得以逐步完善和定稿。一份完整的毕业设计说明书，通常由封面、摘要、目录、前言、分项说明、结论、参考文献、致谢、附录等几部分构成。

毕业设计说明书是学生在教师指导下，对所从事毕业设计工作和取得的设计结果的表述。毕业设计说明书的撰写应符合国家及有关行业（部门）制定的相关标准，符合汉语语言规范。为规范毕业设计教学管理，应提高毕业设计说明书的质量。

毕业设计（论文）能够培养和检验学生综合运用所学基础理论、基础知识和基本技能分析问题、解决问题的能力，是完成专业学习的一个重要环节，也是教学质量的集中体现。

第二节　日用工业品设计方案与实施

一、市场调研

毕业设计教学要求在选题上所采用的设计技术和设计方法不能陈旧，要紧跟时代的发展潮流。在创意构思上，思维意识应具有前瞻性，用创新的理念颠覆过去概念性的产品设计。在表现形式上，无论在空间设计、平面设计以及在项目的设计和制作上，均有开创性的突破与创新精神。在设计流程的环节中，设计理念应与感性的表现形式和熟练的设计技术相结合，不仅要有好的创意构想，还要有精湛的设计工艺，两者相融才能完成。

这些要求都应当建立在市场调研的基础之上。在市场调研后，应根据市场调查所收集到的材料，整理得出主要内容以撰写调研报告。调研报告所涉及的范围大致有：消费者对现有产品在外观造型、款式、色彩搭配及产品包装等方面有何反映？他们最喜欢的和最不喜欢的产品形式及其外观的色彩、样式是什么？当前市场还需要哪种形式的产品？其市场需求和发展的潜力有多大？一旦这种产品投放市场后，其竞争对手会采取何种竞争策略？消费者对销售环境是否满意？他们喜欢什么样的销售环境？广告宣传对促进消费者的购买欲望起到什么作用？他们喜欢什么样的广告宣传？我们将会用什么样的设计理念、设计方法和设计技术参与竞争？等等。

（一）调查报告的归纳与分析

（1）从商品的品牌质量、价值价格、外观造型、科学技术含量等方面进行归纳与分析。

（2）从商品的市场潜力、营销策略、促销活动、市场定位、销售状况、服务态度、业务素质、运输供应、销售服务的网络覆盖面和网络管理能力等方面进行归纳与分析。

（3）从企业的商标标志的美誉度、知名度及消费者的印象等产品的市场发展空间及前景等方面进行归纳与分析。

（二）调研报告的写作格式

撰写调研报告没有固定的格式，设计者应根据自己设定的目标，借鉴调研收集到的材料，采用适合自己的方式方法、应用合理的写作结构形式进行撰写。调研报告的结构一般由标题、正文、结论（结语）、参考文献（文献综述）、附录、落款等组成。

1. 标题

标题包括正副标题，正标题揭示调查报告的内容和意义，副标题表明调查的产品对象和案例说明等事项。

2. 正文

正文包括前言、主体、结尾。前言要求开门见山、言简意赅，统领全文。主体是调研报告的主干核心，通常有三种形式：一是纵式结构，即按照事物发展的自然顺序和人们对事物的认识过程建构文章框架，向读者介绍事物发生、发展的来龙去脉。这种结构方式多用于研究性的调查报告。二是横式结构，即分头叙述并列的若干问题或同一问题的若干方面。这种结构方式可围绕主题，按照不同的类别归纳或设计几个小问题来写，每个小问题可冠之以小标题。三是综合式结构，即将纵式和横式两种结构方式穿插配合起来使用的方式。调研报告中有的以纵式为主、横式为辅，也有的以横式为主、纵式为辅，也可以先采用纵式、后采用横式，这些结构适用于较为复杂的调研报告。

3. 结论

结论（结语）是调查报告的结束语，要写得简单、有力、自然，或"画龙点睛"，深化主题或预示未来；或做出展望或提出问题；或启发思维或指明方向；或提出建议或改进要求。调研报告要把调查结果上升到理论层次，去粗取精，去伪存真，由表及里，揭示内在联系；与他人结果相矛盾的地方，讨论发生的原因和理论依据；要有自己的看法和见解，论点明确。结论（结语）用扼要的文句把论文的主要内容概括起来，切忌重复文章内容。文字结构应该准确、完整、精练，高度概括文章的主要目的和结果。

4. 参考文献

这部分内容有参考文献或文献综述两种格式。在撰写调研报告时有争议的内容，或与科学价值的主要理论依据和方法相类似的案例，或借鉴他人的参考资料和论据、数据等，无论是局部使用还是完全使用，都应列明参考文献的名称、作者、出版或发表的单位及日期等。

5. 附录

附录附在调查报告后，如调查问卷、访谈提纲、复杂的公式推导、计算程序、各类统计数据表、统计图等都可以放在附录中，既有利于说明和理解调查报告，又可提供有用的科学信息。

6. 落款

落款是指调查报告要署单位名称或个人姓名，可置于正文之后的右下方，也可以置于标题之下。如需注明日期，则写在正文的右下方即可。

二、方案构思与设计

毕业设计的开展是依次从方案构思、方案评估到确认定稿逐一进行的。

（一）方案构思

方案构思与设计就是创意和设想（构想草图）。主要依靠的手段是形象草图、设计草图、示意图、模型等。这个阶段是毕业生的想象力最为活跃的时期，他们依靠自己的独创力，在头脑中想象着各种各样的形象，以求设计轮廓的出现。在方案构思设计的过程中，灵活运用头脑风暴法，不断想象，创意构思出新的方案。以下以选题《线条元素在眼镜设计中的运用》为例加以说明。

1. 设想构思

通过之前的市场调查，得出选题《线条元素在眼镜设计中的运用》。在方案构思的过程中，根据产品的材料、色彩、样式等各个方面用构成设计的形式来表达自己的意图。一般情况下，方案构思由联想而产生，个人联想则与个人的修养、知识阅历及欣赏习惯有关。如人们看到红色就会联想到热烈、奔放、兴奋，产生一种温暖、喜庆、浮躁的意境；而看到绿色，就会想到和平、安静、健康和生命力。因此，联想是思维的延伸，它由一种事物思维延伸到另外一种事物。不同的形体的色彩、形体的表层肌理、形体的材质都可通过联想产生一定的意境，形成创意。这时学生的思维活动最为活跃，指导教师应积极通过启发、激励学生的联想，从而对某种创意产生一个初步设想，即创意构思。

2. 制订方案

毕业生从初步设想到发散思维的感受，再到变通能力思维的创意，设计思维能力由一个台阶又上一个台阶，形象思维越来越清晰，不断产生循环联想，最终找到了具有独创力的思维空间，这一空间只是一种抽象式的概念。这时，指导教师会要求该生根据这一构想，动手制订（设计）出方案，即撰写《毕业综合实践实施计划报告（开题报告）书》，简称《开题报告》。《开题报告》来自市场调研的信息、资料、结果，根据初步设想与构思来进行产品设计分析，制订相关数据和计划方案。《开题报告》的内容包括：综合实践课题名称、设计任务要求、课题设计研究的目的、课题实施的方法、课题进度安排计划、课题预期的阶段成果及最终结果、参考文献资料、指导教师评价意见等。

3. 设计草图

有了方案构思的初步设想，还需要学生勤动手，绘制设计草图、效果图或利用计算机软件辅助设计系统进行设计。

（1）绘制初始草稿、效果图，即设计草图。草图的呈现方案构思的最佳表现形式之一（图2-1）。

（2）应用计算机软件进行辅助设计。对最佳的设计草图运用CAD进行规范设计，并标注产品名称、规格、型号、尺寸、功能、性能、材料等重要的数据（图2-2）。

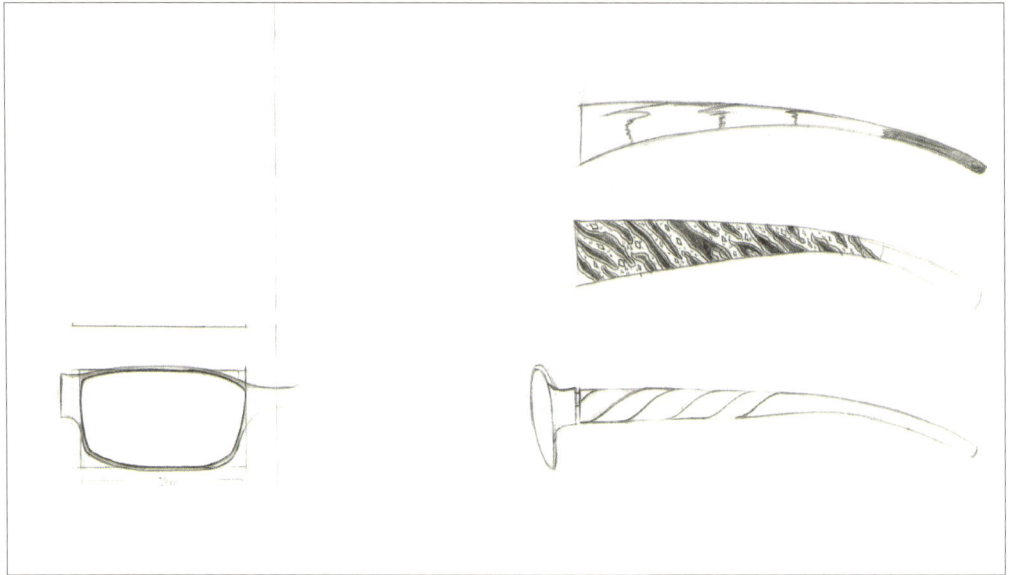

图2-1　手绘草图设计

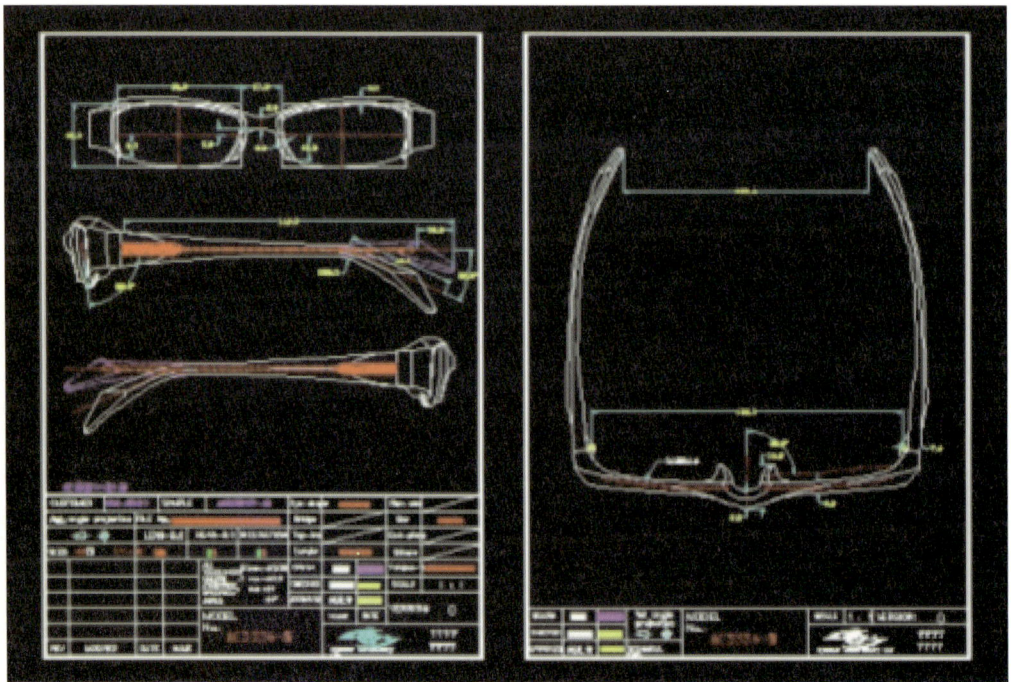

图2-2　计算机辅助设计图纸、图面、样件设计①

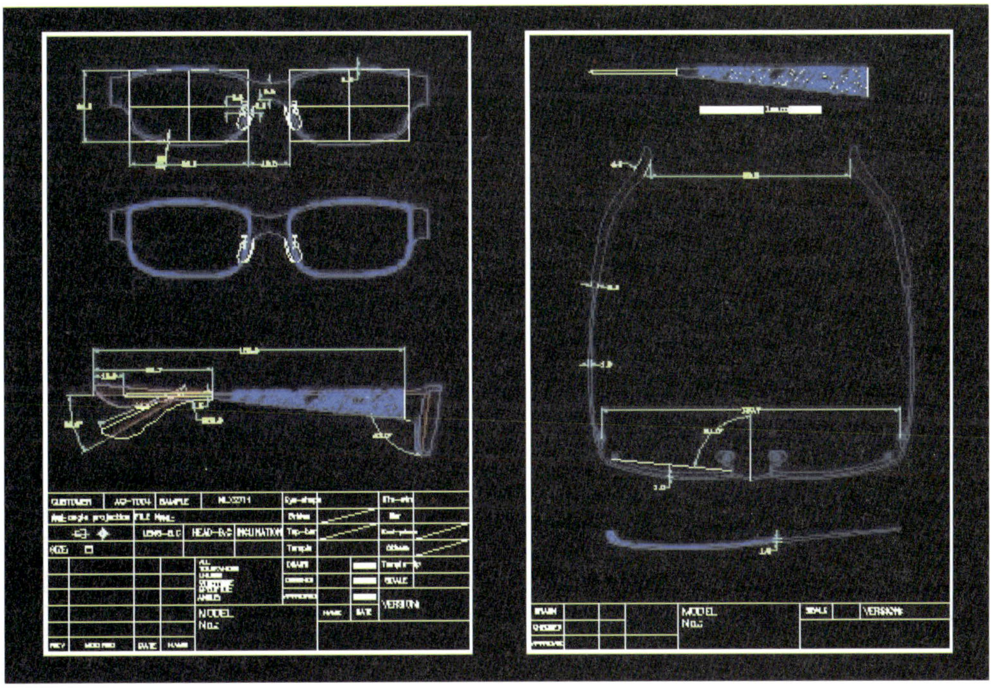

图2-2　计算机辅助设计图纸、图面、样件设计②

（3）根据所选定的最佳草图，利用软件绘制出平面效果图，并对设计效果图进行配色，做到颜色选择多样，美观而不浮夸（图2-3）。

（4）3D建模。对眼镜进行3D制作时，要努力将图中效果表现得淋漓尽致（图2-4）。

学生应根据方案初步设想和草图设计的资料，与

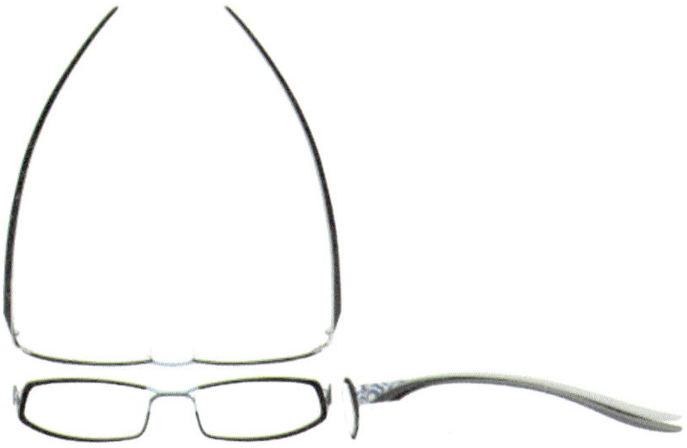

图2-3　平面效果图

图2-4　3D制作效果图

老师讨论，听取老师意见，多绘制几类眼镜草图，选定最佳草图方案，逐步进入具体的设计与制作，阐述必要的设计理念。

（二）方案评估

指导教师要积极参与毕业设计的整个过程，收集毕业生的信息和反馈意见等，主动为毕业生出谋划策并及时给予点评，为正式的毕业设计做最后的调整。方案评估有点评、评审和建议等形式，应根据实际情况因人而异。

1. 方案点评

例如，指导教师对选题《线条元素在眼镜设计中的运用》的设计方案进行点评：在这款以线条为主题的眼镜设计中，设计者巧妙地将线条绘制成时尚的类似斑马的纹路，绚丽的颜色让活跃的线条更加带有动感，如美妙的音乐有着高低的音律，也让金属眼镜更加时尚。但就其形状来说，眼镜的镜腿及镜框要经常反复弯曲会不会易折断？设计时既要考虑产品的使用寿命，也应当避免镜腿及镜框折断所造成的不便。在镜框臂加入弹簧会令眼镜更耐用。而用钛金属制造的镜架，则更轻、更具有耐腐蚀性，可避免由于长期佩戴汗液对金属的腐蚀而失去光泽……

2. 方案调整

根据设计方案反复进行分析与研究，这种分析与研究不是停留在初步简单的设计阶段，设计构想、草图设计、效果图及示意图等都需要经历一段反复修改的过程。如绘制草图后，还要绘制精心制作效果图，然后根据不同专业运用相关专业设计软件，再输出打印、设计展板，还要做出实体的模型来模拟工作状态，并进行各种实验。好的方案是由反复设计与修改而形成的。

3. 方案评审

指导教师不断地对学生的设计进行点评，经过多次审定，将修改后的产品设计方案，一次又一次进行会审。第二轮方案与第一轮方案审核的侧重有所不同，审核老师要将问题点记录下来，然后给出评估方案，要求学生对设计方案进行反复推敲修改，直至完善每个细节。

（三）确认定稿

有了完整的构思，并进行了方案评估之后，就要求毕业生拿出最佳设计方案，所以毕业生要将草图、效果图、建模渲染图等统一进行整理，进行最后的确认定稿与设计。

（1）指导教师组织集体评审，运用学生自评、同学互评、教师评定的观摩形式，选出最佳方案以便确认定稿（图2-5）。

（2）明确定稿之后，毕业设计的实施工作就可以顺利开展了（图2-6）。

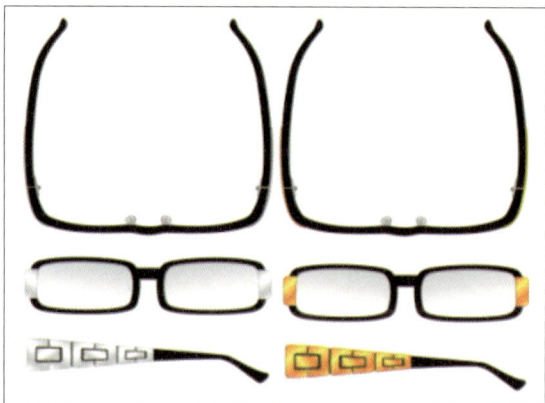

图2-5　选择方案

图2-6　最终定稿

三、工艺设计与制作

（一）工艺设计

在未来的世纪里，人们将以新的方式来感知世界，追求一种新的生存环境和生存空间。毫无疑问，未来的人性化设计具有更加完整的内涵，它将超越我们过去对人与物关系的认知，向时间、空间、生理感官和心理方向发展。从人们对手机的人性化和功能化的需求进行设计分析：从市场中获取设计的空缺点、创意点；融合自然曲线，根据仿生学与人机工程特点，结合人性化的设计理念，设计出符合人们的使用习惯、具有完美手感的造型。

以手机改良产品设计选题为例，工艺设计依据从外观→方案构思→方案设想→画草图→方案评估→确认定稿→效果图→细节爆炸图设计→模型制作的上壳组件→下壳组件→表面工艺→模具开槽等顺序逐一进行全面设计与制作。每一环节做到：将问题点记录下来，然后进入第二阶段——集体评审，反复循环直到满意为止。

（1）方案初步设想如图2-7所示。

（2）手绘草图（图2-8、图2-9）。

（3）运用计算机软件辅助设计。其包括：CAD

图 2-7　方案构思

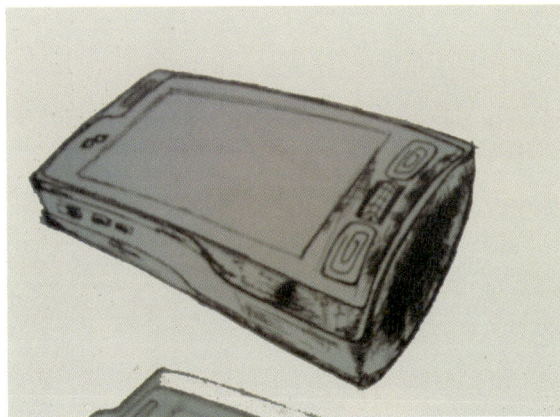

图2-8　手绘草图①

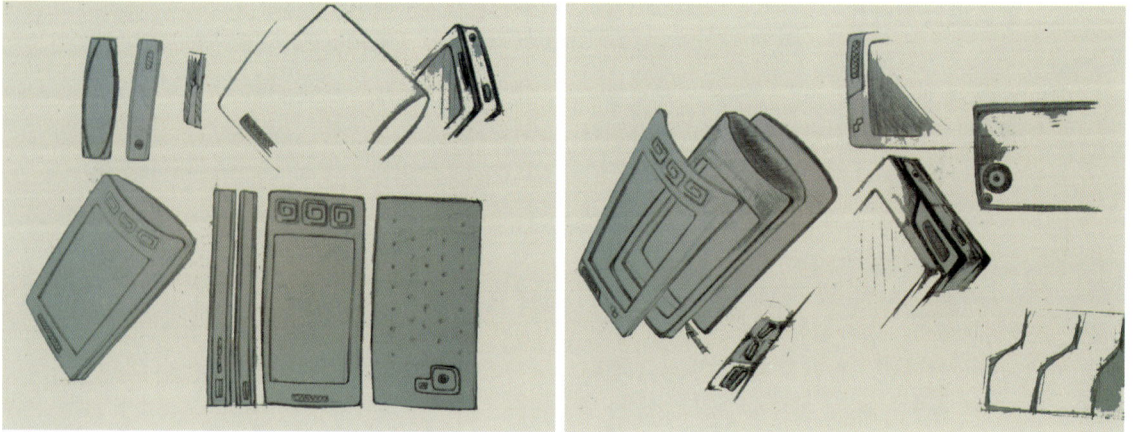

图2-9 手绘草图②

设计，即尺寸图，进入具体的设计与制作，必须要
有尺寸图（图2-10）；2D设计，即平面效果图（图

2-11）；建模设计，即3D制作效果图（图2-12）。

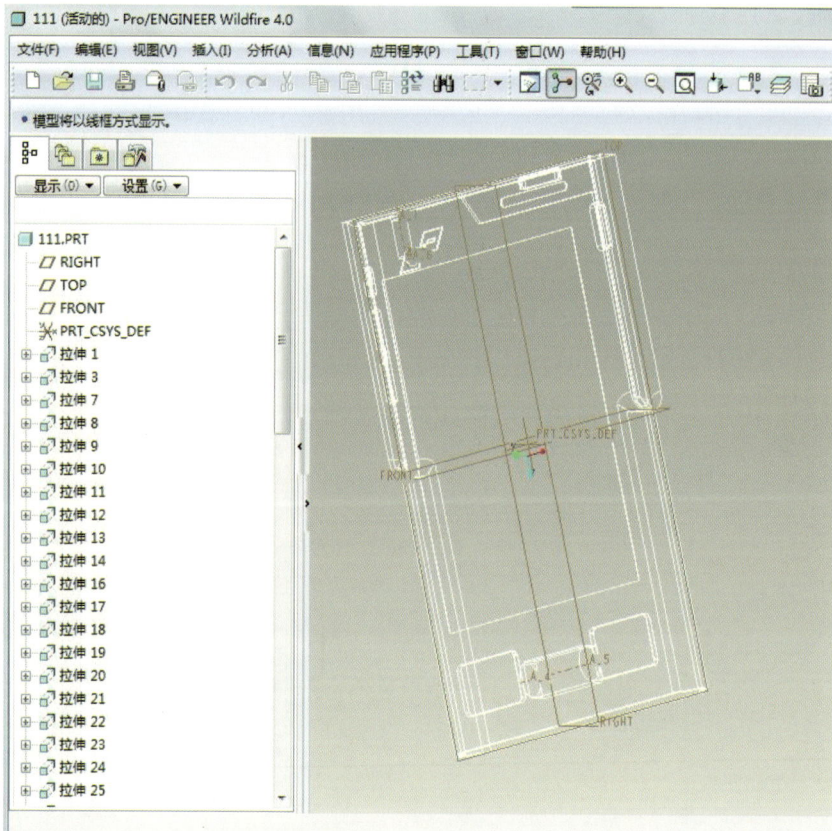

图2-10 尺寸图

图2-11　平面效果图

图2-12　Proe建模效果图

（二）工艺模型制作

　　模型制作是设计过程中的一个关键环节，它不仅透露着毕业生对产品的理解，而且还是对设计思想、设计创造的体现。模型制作可以将设计出来的产品更直观地展示出来，这就是一个从虚到实的转变。

　　1. 外观模型制作

　　制作一款直板手机的外观模型（图2-13），主要用来给客户确认外观效果。现在的手机外观手板按键可

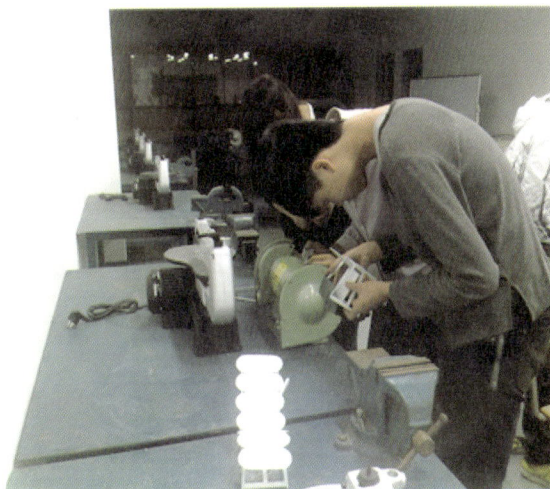

图2-13　外观模型制作

图2-14 外观模型实体

以在底部垫窝仔片，装配后其手感就像真机一样，客户收到后要对其进行评估，给出修改意见（图2-14）。

2. 结构模型制作

制作内部结构应该先从整体布局入手，建议先做好结构的整体规划，即先做好上下壳的止口线、螺丝柱和主扣的结构（图2-15）。

3. 设计制作成果

设计制作成果如图2-16所示。

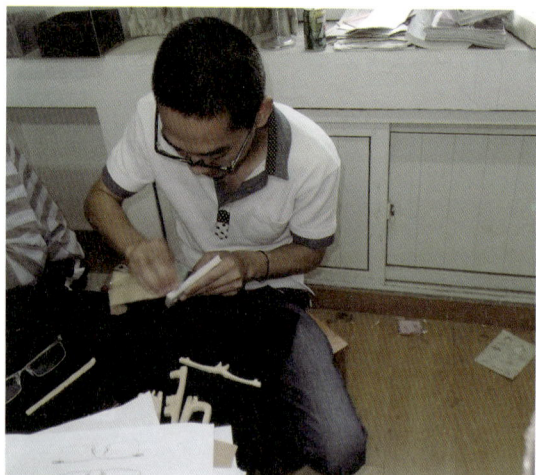

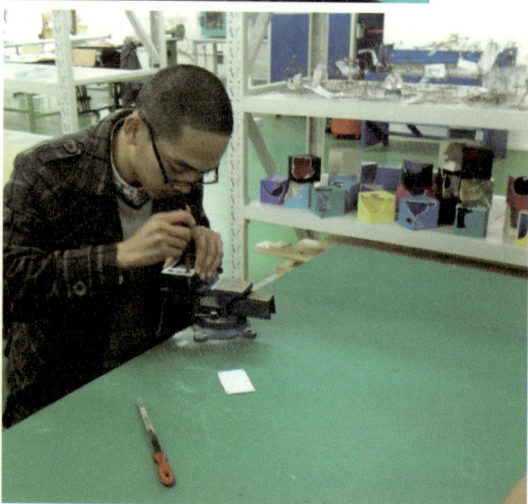

图2-15 结构模型制作

图2-16　设计制作成果

四、展示设计与要求

举办毕业设计作品展示，目的是向社会、家长、学校作一次总结性的学习汇报，为学生提供一个展示的平台，使学生灵活运用从书本中学到的知识，让学生体验到成功的喜悦，得到一次自我表现的机会。同时这也使毕业生的毕业设计水平和能力得到展示，让观众和企业有一个选拔设计人才的场所和机会，用人单位可以据此发现佳作和所需的专业人才。

（一）展示设计的定位与技巧

每个人都有不同的生活经历和阅历，因此在毕业设计主题的思考和选择上都有自己的视角和切入点。由于家庭背景和地域文化的差异，每个人对待同样一件事情的认识和理解会有不同的看法，由此产生的感受和理解也是截然不同的。毕业设计展示在设计时要量力而行，要根据自我的能力，找一个适合的主题、一个得心应手的项目。依托有感受、有体验的主题才可能设计出优秀的、企业认可的毕业设计作品。

（二）展示设计的方式与场所

通常情况下，毕业设计展示可分为永久性展示和临时性展示。每件作品都是师生辛勤耕耘的结晶。而永久性展示可长期充分展示学生作品，达到设计信息传播的最大价值。当然这也需要有一定的设施和硬件的资源，指导教师可根据永久性展示的特点作比较专业的展示，以吸引大量的群众前来参观，从而获得不错的社会反响。而利用教学楼楼道走廊空间、校内展览大厅、户外广场、行政楼大厅等公共场所进行的临时性展示，它的优点是覆盖面宽，信息传播广，不失为一种短期高效的毕业设计作品的传播形式，但其缺点是会受时间和天气的制约。

（三）展板的设计与制作

展板制作与设计直接影响毕业设计的效果，指导教师和毕业生不能忽视它的重要作用。我们应根据自身的实际情况选择，采取适合的方式来展示毕业生的作品，在展板的选择上应尽可能做到一丝不苟、精益求精。

1. 文字、标题与正文的编排处理

文字的大小、字距直接影响观众的阅读心情，在编排过程中应注意它的阅读功能。汉字的排版要有行气，即流畅贯通、视觉感受平稳。在信息传递中，无论阅读横竖布局，还是左右斜线布局，字与字之间的空白面积应在视觉上保持一致，不仅仅要重视字形的差异性，更要注意字或字母的视觉均衡。为使版面富有弹性，可作分栏编排标题，也可作居中、横向、竖向等编排处理，力求文字清晰，图片赏心悦目，标题醒目，阅读秩序合理。

2. 色彩图形的表达

色彩在视觉上往往是先于文字进入人们的视线，色彩语言的准确与否直接影响观众的情绪，它还具有传递信息、表达情感、组织导读的功能。正确利用色彩的对比，对于满足主题的表达非常重要。随着科技的不断发展，人类进入了一个符号化的时代，符号跨越了国界、时间和空间，语言障碍、文化差异产生的分歧逐步消亡，人们运用符号传播着新的信息和观念。例如奥运会的五环相扣符号，意喻着在最短的时间内，以最快捷的方式达到最理想的目的，这便是符号的魅力。

3. 展板设计与展示

产品展板的设计与报纸、杂志广告版面设计的视觉效果有一定的区别，在一般情况下，展板的规格用全开和对开打印，强调瞬间的视觉冲击力，观众在作品前的注目停留时间有限，所以要求展板设计简明、直接、快速地传递信息，其文字、图形、图片、色彩的运用也要恰到好处。产品设计作品展示也存在着版式问题，通常要反映商品的主要信息，传达企业的价值理念，它一般通过6个展示面进行表达，每个面有时相互独立，有时又相互交叉。因此在展示设计作品时一定要注意主展面的展示效果，主题信息要清晰、突出、易于辨别。

展板设计与制作工作顺利完成之后，在指导教师的统一安排之下，按照整体布局进行布展，自己动手，作品的位置、展板的灯光以及设计作品的视觉效果都要考虑观众的感受和习惯，每件展品的关系一定要清晰，切忌仓促应付就拿出来展出。经过近一年的不懈努力，毕业生的设计作品终于和观众见面了，将自己的感受和体会记录下来，总结一下毕业设计过程中的得与失，这对自己的文字写作能力也是一次挑战。总的来说，展板设计与展示应充分调动产品设计的创新优势，打破旧有的设计观念，提升产品的使用价值和观赏价值。

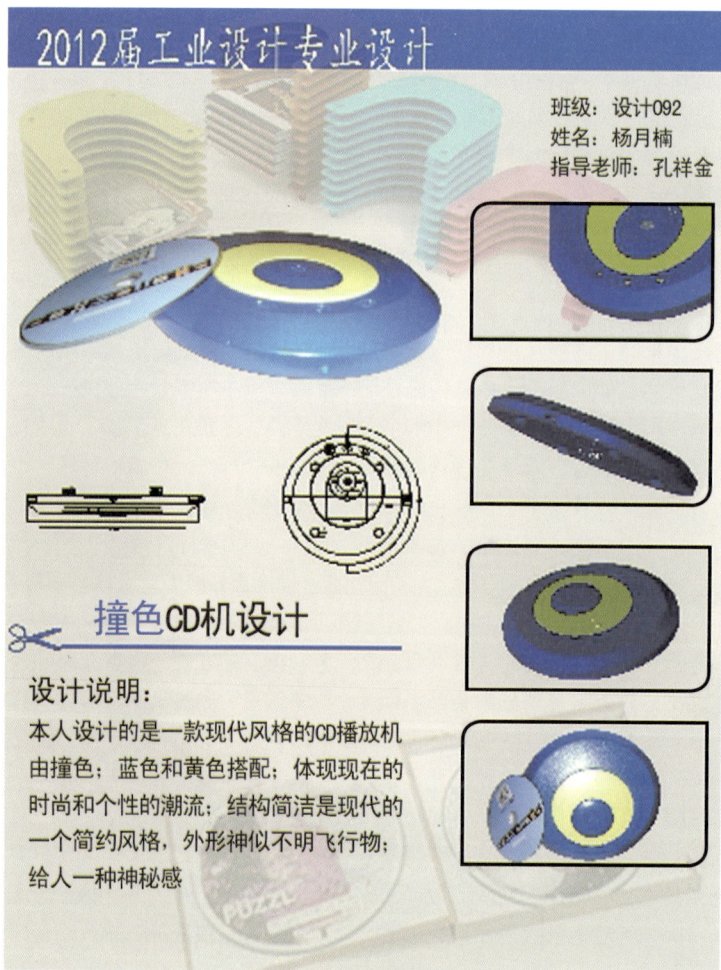

图2-17 展板设计案例①

趣味厨具

2012届工业设计专业毕业设计

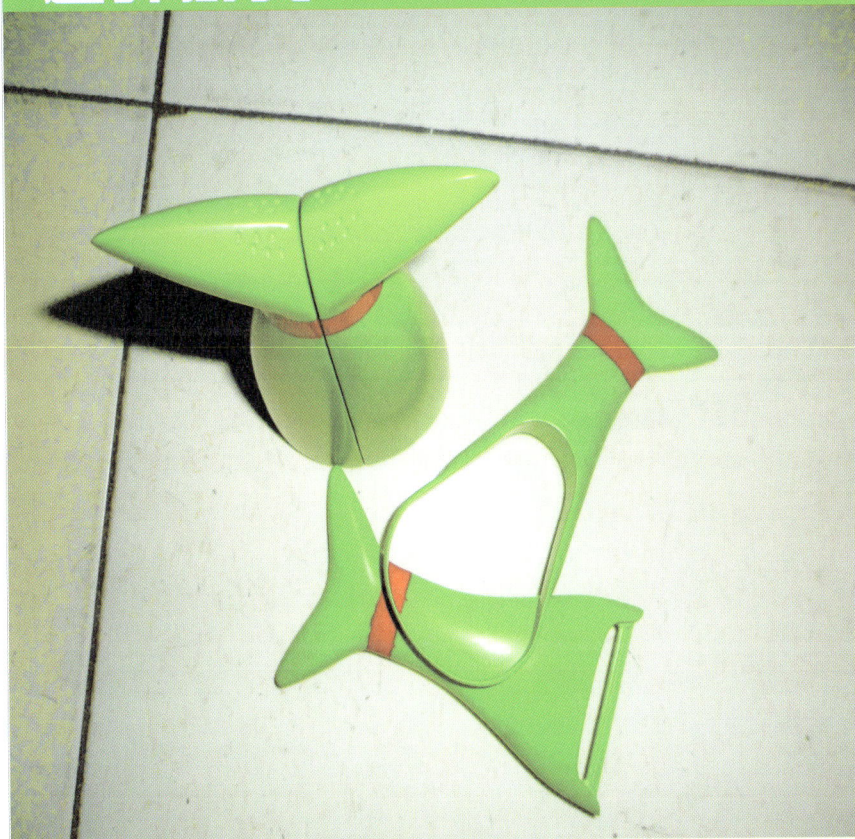

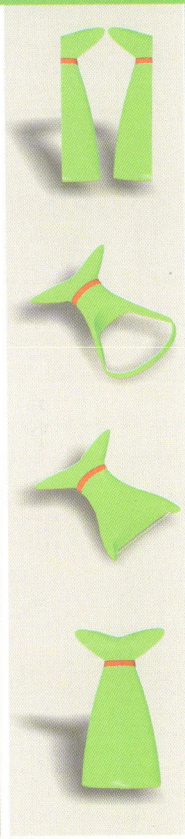

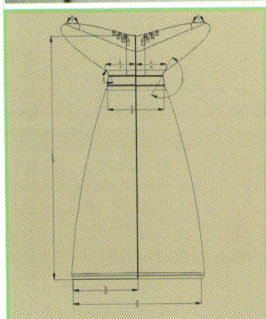

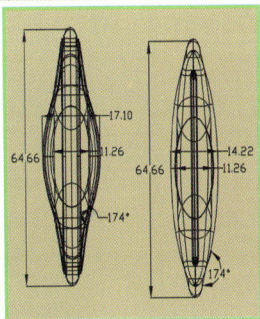

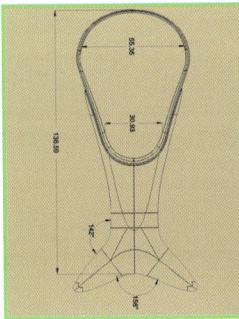

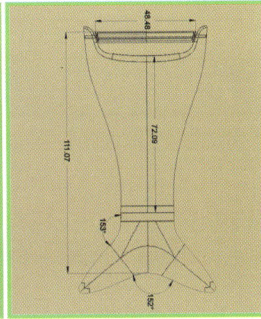

厨房用品组合与鱼尾巴的外形
用时不易滑出自己的掌控范围
体积较小　不易占空间　能随意地进行挂、躺、立的摆设
产品颜色以绿色为主　贴近饮食
简单的直线和曲线的叠加、平移、旋转

姓名：林丽莲
班级：设计092
指导老师：孔祥金

图2-18　展板设计案例②

2012届工业设计专业毕业设计

"太阳能酷酷鸭" 概念设计

低碳 便携 创新设计

酷酷鸭尺寸：高约10厘米。

外观造型独具特色，太阳能产品，不占用空间。

太阳能电池与酷酷鸭外壳
也采用了非缺省的固定。
它可以自由旋转一定的角度。
随着阳光照射角度的不同，
您可以随时调整接收角度从
而大大提高了太阳光的利用率。

造型贴近生活，富有生活气息的流线结构；
弯曲的形态加上丰富的形状这样的大结构足以体现整体外观美观有个性。
简单的曲线经过叠加、平移、交叉，丰富了结构，引领新的创意。
内置太阳能芯片，在有光照的地方，只需要一点点光线，就会左右摇摆。

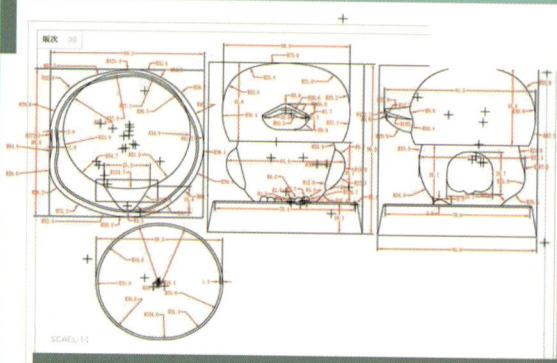

姓名：汪文
班级：设计092
指导老师：孔祥金

图2-19 展板设计案例③

第三节　家具设计方案与实施

一、市场调研

市场调研一般采用分组方式，每3~5人组成一个调研小组。调研的方法主要有资料收集分析法、访谈法、观察法和实地考察法4种，在实际运用中可采用一种或多种方法的组合。每个小组成员的访谈人数一般为10人左右，范围应覆盖坐具的各种类型。同时至少考察1个家具市场或者3家家具生产企业。完成调研后要撰写市场调研报告和制作汇报PPT。

（一）方法和过程

1. 资料收集分析法

资料收集分析法是指通过书籍、杂志、期刊、广告、宣传资料、网站、企业内部资料、专利数据库等途径收集所有跟设计对象相关的资料，将资料分门别类并进行分析总结，得到相应的数据图表。收集的内容主要包括图片、品牌标志、工作原理、生产工艺、价格等。

2. 访谈法

访谈法是指通过访员和受访人面对面地交谈来了解受访人的心理和行为的心理学基本研究方法。访谈，就是研究性交谈，以口头形式，根据被询问者的答复搜集客观的、不带偏见的事实材料，从而准确地说明样本所要代表的总体的一种方式。如通过访谈收集购买者和使用者对家具的看法、意见和建议。访谈要把握以下几个要点：

（1）设计访谈提纲。一般在访谈之前都要设计一个访谈提纲，明确访谈的目的和所要获得的信息，列出访谈的内容和主要问题。

（2）恰当进行提问。要想通过访谈获取所需资料，对提问有特殊的要求。在表述上要求简单、清楚、明了、准确，并尽可能地适合受访者；在类型上可以有开放型与封闭型、具体型与抽象型、清晰型与含混型之分；另外，适时、适度的追问也十分重要。

（3）准确捕捉信息。访谈法重点是"倾听"，遵循不轻易地打断对方和容忍沉默两个原则。倾听可以在不同的层面上进行：在态度上，访谈者应该是"积极关注地听"，而不应该是"表面地或消极地听"；在情感层面上，访谈者要"有感情地听"和"共情地听"，避免"无感情地听"；在认知层面，要随时将受访者所说的话或信息迅速地纳入自己的认知结构，加以理解和同化，必要时还要与对方进行对话，与对方进行平等的交流，共同建构新的认知和共识。

（4）适当地作出回应。访谈者不只是提问和倾听，还需要将自己的态度、意向和想法及时地传递给对方。回应的方式多种多样，可以是诸如"对"、"是吗？"、"很好"等言语行为，也可以是点头、微笑等非言语行为，还可以是重复、重组和总结。

（5）及时做好访谈记录。访谈者一定要及时做好记录，必要时可以进行录音或录像。

3. 观察法

观察法是指研究者根据一定的研究目的、研究提纲或观察表，用自己的感官和辅助工具去直接观察被研究对象，从而获得资料的一种方法。如通过观察使用者在使用家具时的状态研究家具存在的问题，记录相应的问题并进行具体分析，寻找产生问题的根源并寻求设计上的解决方案。

4. 实地考察

实地考察是指设计者到与家具相关的设计机构、生产企业和卖场，了解各种家具的最新设计款式，掌握家具的发展趋势、设计潮流以及最新的材料工艺。

在市场调研前和过程中，要注意以下技巧：

（1）事先应对调研内容进行规划与设计，要了解访谈、考察对象。

（2）要尽可能自然地结合访谈、考察对象当时的具体情形开始调研。

（3）调研应该由浅入深、由简入繁，而且要自然过渡。

（4）要避免调研偏题、跑题，在做好充分准备的前提下，需要适当地调节和控制。

（5）在回应中要避免随意评论。

（6）要特别地注意在调研中自己的非言语行为。

（7）要讲究访谈、考察的结束方式。

【教师点评】 市场调研是非常重要的环节，每位学生都要认真参与，巧妙地利用合适的市场调研手段可以为后续的设计带来灵感。市场调研的工作量比较大，需要学生分组进行，并进行分工，最后合作完成相应的调研报告。

该阶段需要注意几个问题：

（1）几种调研方法应该有所侧重，以其中某种为主，其他为辅。

（2）在进行调研前应当预先准备问题。

（3）调研的结果应当明确，结论清晰。

（二）调研报告及具体要求

市场调研报告由封面、目录、进度表、报告正文、附件几部分组成。其中封面应包含标题、小组成员、指导教师等基本信息。附件为考察、观察的照片，访谈记录等。

报告正文是调研报告的重点，主要内容为现有家具资料的分析、市场调研的主要内容、数据分析、结论等。考虑到小组调研，所以要求小组对调研成果整理后得出不少于2000字的结论部分。同时，小组成员应按个人的设计方向，各有侧重地完成一份不少于800字的个人调研结论。

调研报告的格式要求：一般要有页眉（内容为：×××坐具调研报告），页脚有页码，正文采用五号字，1.5倍行距，小标题采用小四号字，大标题采用三号字，全文一般采用宋体。

【教师点评】 调研报告的结构可以自由发挥，但总的来说应该包括产品介绍、市场现

有产品分析、品牌分析、消费者分析、结论等几大块。调研流程为：调研计划撰写—调研实施—调研资料收集、整理—数据分析—调研报告撰写。

（三）设计定位

在市场调研结束后需要作出设计定位。所谓设计定位，就是该设计项目的目标效果，包括消费者、价格、功能、使用环境、材料工艺、设计风格等方面，在这一阶段需要明确自己的设计定位，从而在下一阶段围绕它进行创意。

如休闲椅的设计定位：围绕"个性、趣味"展开，针对城市的快节奏生活；以简约舒适为主，加上个性趣味的形态；最大可能地利用材料本身的特点，达到放松身体和心灵的目的；新奇巧妙的使用方法，给人一种眼前一亮的感觉；搭配时尚而又耐脏的颜色，让坐具也紧跟时尚潮流。

【教师点评】 设计定位很重要，设计定位错误会影响以后的工作。设计定位是连接前期准备阶段和创意阶段不可缺少的一个环节，它能避免闭门造车，使设计有的放矢。不但要考虑产品本身的设计问题，还要考虑人—产品（物）—环境等相关的统一设计问题。设计定位的具体内容应该包括产品功能定位（生理功能和心理功能）、消费者定位、使用环境定位、材料与工艺定位、价格与成本定位、风格定位。

（四）开题报告

开题报告是学生在完成市场调研后，对自己选择的课题进行说明的以文字为主的材料，主要包括市场考察分析、设计的基本内容、基本方法及步骤、成果形式等内容。开题报告是毕业论文答辩委员会审查学生答辩资格的依据材料之一。如果开题报告不符合要求，就不能继续下一环节的工作。

表2-1 毕业设计（论文）开题报告案例

课题名称：	坐具设计		
专业班级：		学 号：	
姓 名：		指导教师：	
一、设计的产品名称			
坐具设计			
二、产品设计的市场考察分析			

随着社会水平的提高，人们对家居生活品位的要求也日益提高。现代坐具已不单纯是简单的日用消费品，坐具产品作为一种文化现象发展到今天，已经成为现代人类生活中调剂居室环境的艺术品、装饰品以及融艺术和实用于一体的一代全新消费品。

在这一周的调查中，我们通过网络和实地调查了解到关于坐具的资料以及市场，这些信息给我们的设计带来了很大的帮助。首先，我们根据从网络上收集的资料，通过讨论和整理重点存在的问题，并且在老师的指导下反复修改，完成了一份完善的问卷访谈。接下去的任务就是带着准备好的问卷上门访谈。开始的时候，有人以为是商业行为，不愿意接受我们的访谈。当我们说明来意后，他们很友好地接受了我们的访谈。

在访谈中我发现很多外来工人都是处于"两点一线"的生活方式，只是在工作的地方和家里奔波，平时很少出去逛街。他们对生活品位的要求并不是很高，只要是坐着舒适的椅子，他们都喜欢，他们注重比较实用的坐具。在和小孩子的交谈中我们了解到，他们比较喜欢卡通类型、色彩丰富的椅子。丰富的色彩更加能吸引孩子的注意。在选择材质时要注意材质本身是否会对儿童造成伤害，一定要保证安全性，且在舒适度上要优于一般的材质。

在与老人的交谈中我们了解到，老年人长时间坐在过软的坐具上，不方便起立；坐在过硬的坐具上，会感到不舒服；不喜欢太具个性的椅子。老年人的性格较保守，不易接受新的环境和事物，所以在设计坐具时应该结合特定人群的特定思维，首先在造型上满足他们的需求，追求回归自然，在造型上不能过于大胆创新；其次在操作方面应该追求形象简单，人性化，不能过于复杂。在结构设计上可尽量营造一种平和、安静、亲切的氛围。因此在用色上注重低明度、低纯度的温和色彩的合理使用以及同色调或者相似色调的配色。

三、产品设计的基本内容			

本次的毕业设计所选择的课题是坐具椅子。椅子经历了一个漫长的发展历程，从重象征性、装饰性向重实用性、舒适性发展。现今虽然各种椅子在设计风格方面的界限已经不那么分明，但我们仍然可以依据各种风格分析椅子的构成要素，其主要包括椅子的造型、材料、结构及功能。设计椅子的最终目的是服务于人们的生活，使人们的生活更加舒适、健康、更具文化品位。因此，我觉得，体现并创造新的生活方式应该成为椅子设计的思想和方法来源。椅子设计应该应用人体工程学，将人体工程学运用到椅子设计中去是典型的先满足人们物理层次需要（舒适感），再满足人们心理层次需要（亲和感）。此外，椅子设计应体现当前的设计文化，并从传统中汲取设计灵感。椅子的绿色设计正是当前绿色设计思维的体现，不仅要做到环保，还要体现关爱。

据统计，我国60岁以上老年人口已超过1.3亿，到21世纪中叶，中国老年人口将超过4亿，占全国总人口的四分之一左右。老年人因为生理和心理机能的衰退，在日常生活中会遇到很多障碍，由此增加了生活的难度。他们有的不得不借助于轮椅、助听器等辅助器材，才能完成日常生活中的基本行为。另一方面，中国家庭结构正朝向小型化、核心化方向发展，空巢家庭增多。空巢易给老年人带来心理障碍，严重的会患上各种心理疾病如抑郁症、焦虑症等。我们必须以提高人们的生活质量，以为人类创造更美好的生活为己任，关心老年人的需求和愿望，通过开发设计满足老年人需求的产品来提高他们的生活质量。

老年人对座椅的要求比较高，要顾及各个方面的因素，在为老年人设计制作坐具时，要注重设计的科学合理性，激发老年人的生活情趣。特别要注意结构的稳定性，不应该有过多复杂的分支，不应该出现明显的棱棱角角，以确保老年人使用安全，不会出现跌倒、摔倒、磕碰等情况。

四、产品设计制作的基本方法及步骤

1. 对市场进行实地考察调研。实地考察分两天进行，分别去了新城汽车站、联华南国店、绣山公园、上陡门周边。

2. 网上调查搜索资料。网上调查所搜索的资料包括现有坐具的发展史、功能、材料、场合、风格和目前坐具的发展情况及流行趋势。

3. 问卷调查分析总结，得出结论。问卷调查根据被访者（分别为工作人群、学生、自由职业者、弱势群体）提供的信息总结出结论。其中采用了访谈调查的方法，对所调查得出的数据采用图文并茂的方式进行归纳与总结，并对此做了相关趋势分析，得出个人总结。

4. 进行产品方案设计。根据消费者和网上提供的资料进行方案设想和草图绘制。针对消费者在功能上、外形上、使用方式上、材质上的需求和坐具所存在的问题制定出满足不同要求的方案。

5. 设计方案完成。从前期所想所绘制的草图中选出较为满意的方案给指导老师审核，如方案未通过，要将其调整和改进，直到老师满意为止。

6. 制作产品效果图、模型、版面。建立坐具的三维模型并渲染，得出产品效果图；制作产品二维图并打印成0号图纸。采用学校提供的坐具模型工具来制作模型；技术未达到的部分，可拿到校外请模具技术部门制作。后期要将其制作成展板的形式以便展出。

进度表

内容＼时间	11.28－12.4	12.5－12.11	12.12－12.18	12.19－12.25	12.26－01.01	01.02－01.06	01.07－01.14
开题报告	▨						
开题答辩构思草图		▨					
方案完善			▨				
电脑效果图制作				▨			
设计报告书					▨		
版面模型制作						▨	
毕业设计答辩							▨

五、成果形式

1. 效果图：多角度或多视图。
2. 实物模型：1∶1或按比例缩小。
3. 设计说明书（报告书）：尺寸A4，横竖自定；数量≥20页。
4. 0号图纸：标准AutoCAD2006格式，即.dwg格式。
5. 展示版面：60cm×160cm，竖构图1张。

六、指导老师审核意见

指导老师签名：

年　　月　　日

【**教师点评**】开题报告最重要的部分就是毕业设计的基本内容。换个角度来说，就是这次毕业设计你要设计怎样的产品，然后针对这一内容选择合适的设计方案，并合理安排工作进度。

二、方案构思与设计

（一）方案构思

在完成设计定位后就要提出设计的初步方案，以及实现该方案的工作原理，并绘制大量的设计草图（图2-20）。可运用各种设计方法进行创意设计，如头脑风暴法、kj法、5W2H法、优缺点分析法、联想设问法、组合法、仿生设计等。

在方案构思的过程中，要把头脑中所想到的任何想法（哪怕是不成熟的）用图形的方法快速地记录下来。创意草图不限工具和方法，只要能准确表达自己的想法都可采用，也可以借助文字描述帮助记录创意想法。

在积累了一定的方案后，应当及时跟自己的指导教师进行交流，对每个方案进行否定、修正以及改进或者与其他想法进行结合。

（二）方案评估

对各种不同的设计方案从功能、生产可行性、创意、外观等各方面进行评估，并将它们与设计定位进行比较，从中选择两三个最佳方案（图2-21）。

图2-20　创意草图

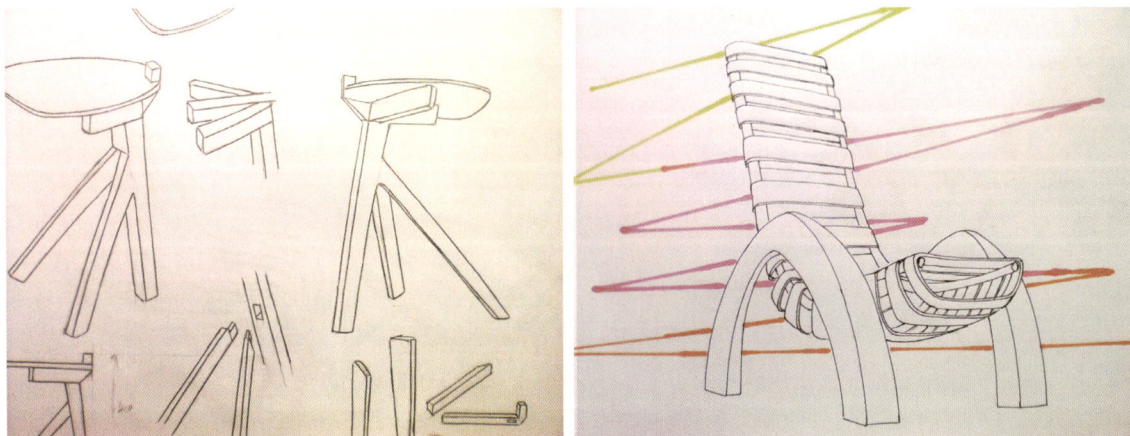

图2-21 初定方案

（三）细节深化

对选定的设计方案进行深入细致地表达，对整体以及各个部件重新进行思考，分析存在的问题，并绘制以马克笔表现为主的手绘效果图，要求表现整体效果图、局部放大图、部件图、原理图以及其他内容（图2-22）。

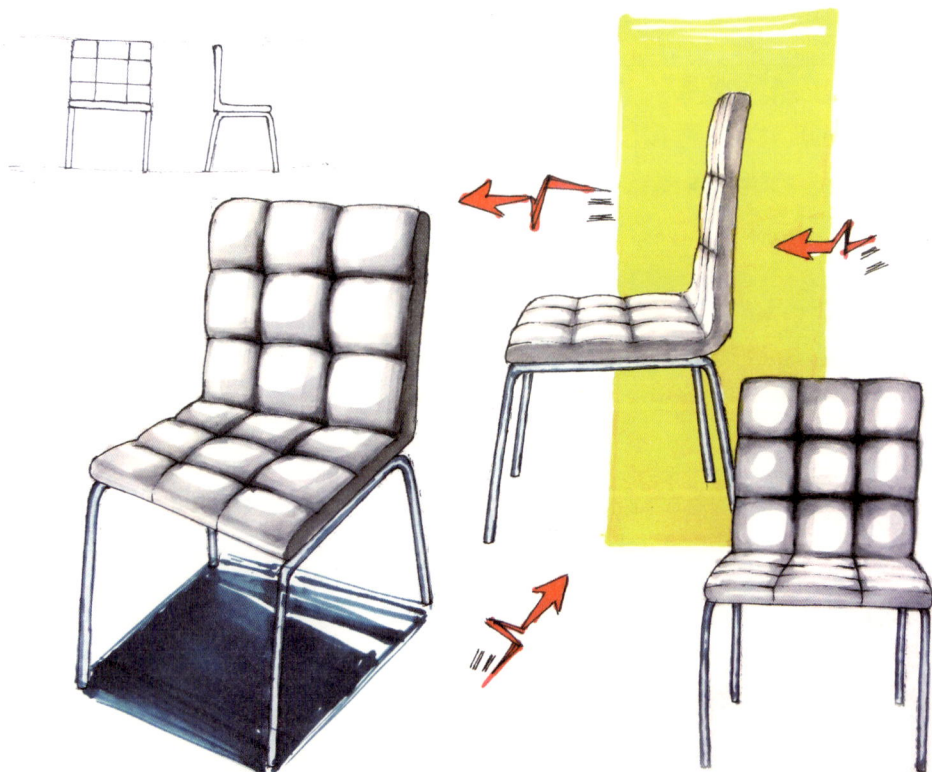

图2-22 细节深化①

图2-22　细节深化②

（四）定稿并制作电脑效果图

完成设计方案的深入细化工作后，对选定的几个方案进行评价，选择一个最好的方案，画出三视图。用Rhino或者其他三维软件进行建模，使用Keyshot进行渲染，得到最终的电脑效果图（图2-23）。

图2-23　电脑效果图

【教师点评】这个阶段是整个毕业设计过程中最关键、用时最多的环节，需要指导教师和学生进行反复沟通和交流。

三、工艺设计与制作

（一）绘制工程图

按1∶1或其他比例绘制产品的工程图，包括六视图、透视图、必要的结构图、局部图、剖视图等（图2-24）。

（二）工艺设计

对每个零部件进行图样、尺寸、工艺、装配、包装等说明，并制作BOM表（表2-2）、工艺流程图（图2-25）、工艺卡片等表格。

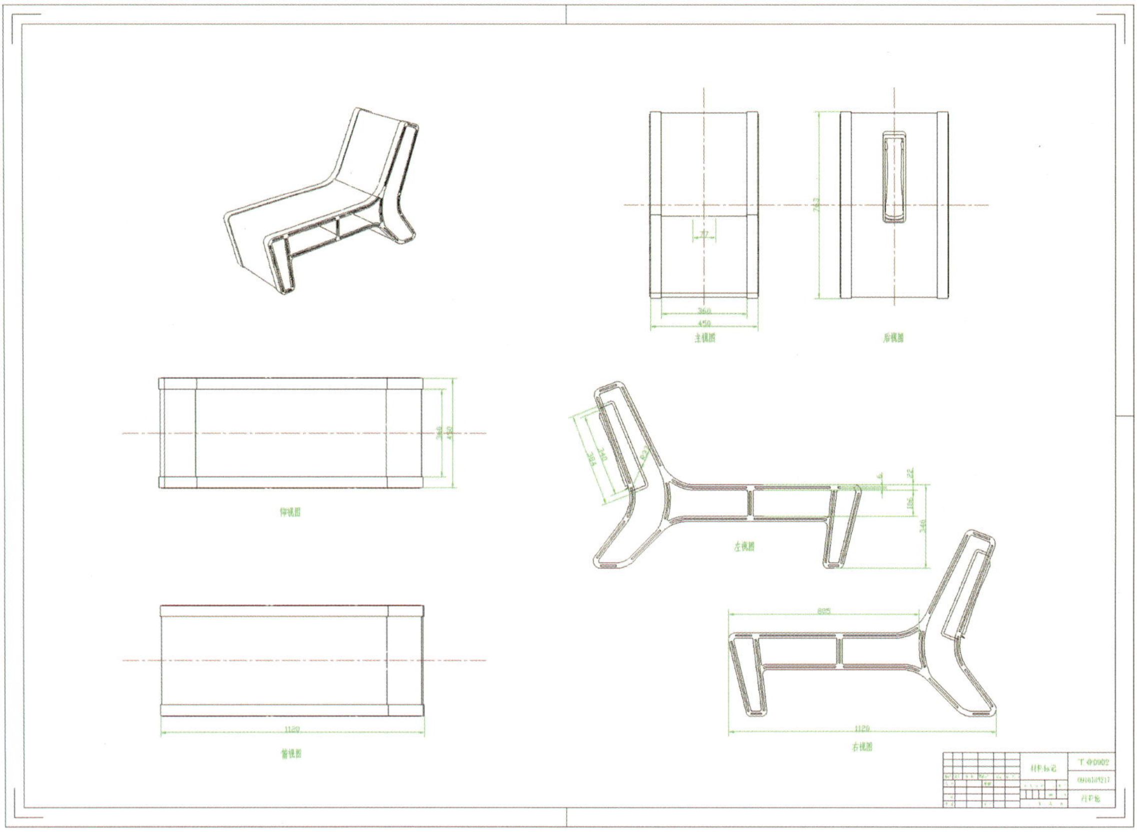

图2-24 工程图

表2-2 产品物料清单

产品型号		B-1-1	产品名称	办公椅	产品规格		460X555X915		版本：001	
序号	图号	物料编号	名称	规格/物料描述	用料尺寸	数量	单位	损耗	备注	
1										
2										
3										
4										
5										
6										
7										
8										
9										

椅子后腿：

干燥锯材 → 选料 选料台 → 双面刨 双面刨床 → 画线 工作台 → 曲线锯解 细木工带锯机 → 横截 横截锯 → 基准面 平刨床 → 相对面 压刨床

→ 铣型 立铣 → 相对面 立铣 → 精截 精截锯 → 定位加工榫眼 开榫机 → 砂光 砂光机 → 检验 检验区 → 椅子后腿

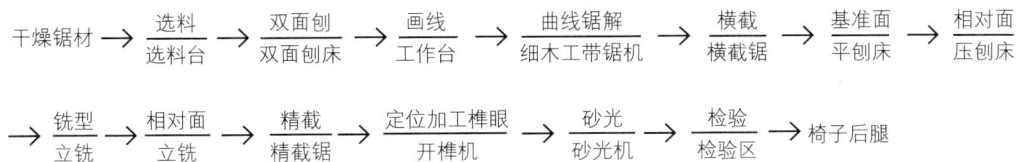

图2-25 部件工艺流程图

四、设计展示与要求

设计定稿后，需要完成以下内容的展示：

（一）设计报告书

设计报告书一般采用A4幅面，横竖自定；文字格式为宋体五号、行距1.5倍左右（可根据需要调整）；各种标题大小及字体可自定。要求图文并茂，排版整齐美观，有统一的版面设计，没有错别字。数量在20页以上；采用彩色打印，单面，左侧装订（胶装）成册（排版时注意预留装订位置）。设计报告书的主要内容为：

（1）封面：题目、姓名、专业、班级、学号、指导教师、完成时间、合作企业名称（若无，可省略）。

（2）扉页（设计过程的感言，相当于序）。

（3）目录。

（4）进度表。

（5）正文。主要内容包括但不限于市场调研、设计过程、设计结果，具体内容如下（仅作参考，可以不同）：

① 市场调研：课题研究的背景和现状、计划、调查研究方法和操作、分析结果、设计定位。

② 设计过程：关键词、草图、筛选流程与方案以及外观、结构、功能、风格、审美、技术等的确定并表现。

③ 设计结果：平面图、三视图、三维效果图。

（6）封底。参考文献，7篇以上，其中期刊论文不少于5篇（很重要，要写清楚）。

（二）展示展板

展板一般采用60cm×160cm的竖构图1张，要在相应位置进行打孔等必要处理，以便适合X展架或其他展示方式放置。展板的主要内容为：

（1）题头：统一格式。

（2）主题：起一个有特色的名字。

（3）效果图（1~3张），包括：必要的结构图；基本外观尺寸图（三视图方向）；说明文字（设计的出发点、特点、使用方法等）；落款：班级、学号、姓名及指导教师等。

（三）0号图纸

其包括：① 标准AutoCAD 2006格式，即".dwg"格式；六视图＋透视图＋必要的结构图、局部图、剖视图，每个视图要标清楚名称，如主视图或者右视图等。② 标注必要和关键的尺寸，并将其放在标注层上。③ 标题栏要填上自己的班级、学号、姓名等。④ 注意比例问题，要根据自己的模型需要相应调整，并将图纸对折成A4大小。

（四）模型

1：1仿真制作，特殊情况可按比例缩小。

（五）毕业材料光盘

要求在根目录下建立一个学号＋姓名的目录，如："0710104255 贾××"。在其下设置0号图纸、开题报告、模型照片、三维源文件、设计报告书、效果图和展示版面等了文件夹，分别用于存放相应的电子文档。将光盘装在一个光盘袋或者光盘盒里，在光盘袋或者光盘盒上用油性记号笔写上自己的学号和姓名（图2-26）。主要材料数量、规格要求如下：

（1）效果图：至少3张，2000像素×1500像素。

（2）展示版面：源文件".cdr"或者".psd"格式＋".jpg"格式（分辨率72dpi）。

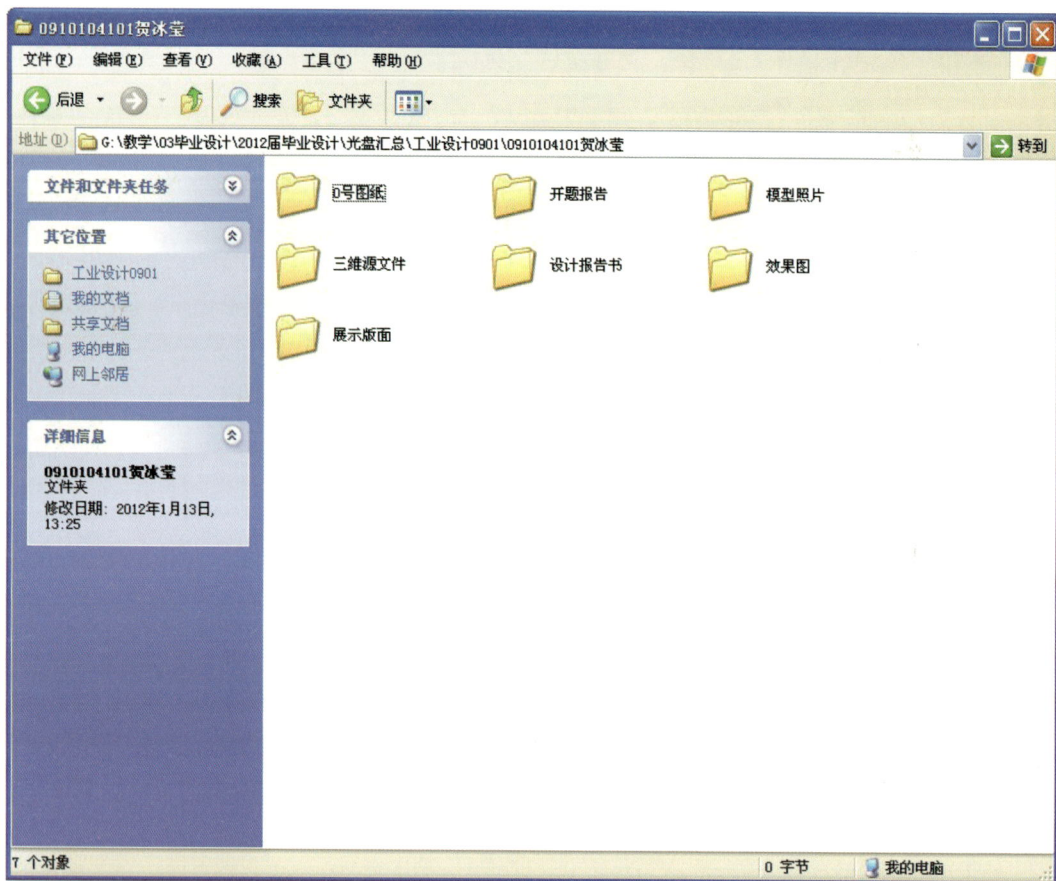

图2-26 毕业材料光盘子目录

（3）三维源文件：最后版本Rhino文件或Pro/E文件＋stp格式文件＋C4D文件或Keyshot文件。

（4）设计报告书："·jpg"格式（分辨率72dpi），按顺序命名："01.jpg、02.jpg……24.jpg"，不要按页码和中文名字命名。

（5）0号图纸：一个AutoCAD文件，如"0710104255贾正晶.dwg"。

（6）模型照片：用数码相机拍摄模型实物照片5张，如果产品复杂可多拍几张。

（7）开题报告：电子文档。

【教师点评】本阶段是毕业设计的实物制作阶段，需要完成的内容较多，特别是模型制作、设计报告书和版面，能较好地锻炼学生的动手能力和平面设计能力，这也是对产品设计的一种延伸和补充。

第四节　服饰设计方案与实施

　　服装与配饰的设计既是设计者个人的体验及表达，又是满足他人的需要而设计的新型产品，因此，在设计上可以分为实用类服饰设计和创意概念类服饰设计两大类。

　　实用类服饰是针对一定目标消费群，按标准型号批量生产的工业产品。它不仅追求艺术性，同时应满足消费市场的实际应用需求，是审美艺术性与实用性相结合的工业文明的产物，需得到消费市场的认可才能最终实现其价值。因此实用类服饰设计应该先了解当前的时尚资讯、目标消费群的消费心理和需求以及市场销售导向，再进行详尽的市场调研。掌握相关资料和信息后有的放矢，有针对性地展开设计运作，综合运用各门课程教授的知识与技能进行灵活思考，在了解市场、尊重生活的前提下，遵循形式美原理提出设计方案（图2-27）。

　　创意概念类服饰设计源于以感性思维为主的灵

作品名称：棋局
姓名：潘虹　叶梦梦
班级：服装1001
指导教师：高静

图2-27　棋局

感捕捉表现，而生产商品的侧重市场的服饰设计则是以理性为主的，其本质目的是赢利，必须考虑市场因素。创意概念设计探索的设计理念及其创意对以市场为导向的实用服饰设计思维有启发和引导作用，目的在于不断探索创新思维，寻求新的思维模式（图2-28）。社会需要不断地进行新陈代谢才能得以发展，而创新是社会发展的源动力，创意概念服装正是人类探索思维和创新思维设计的产物。

作品名称：花饰

作者：何陈冲

班级：服装1001

指导老师：高静

图2-28　花饰

一、市场调研

市场调研是运用科学的方法，有目的地、系统地收集、记录和整理市场信息，借以分析、了解市场变化的态势和过程，研究市场变化的特征和规律，为市场预测、经营决策、设计研究提供依据的活动过程，是一种创造性的调研活动。针对所选不同服饰设计内容展开不同调研，比如：了解消费市场的市场调研、目标消费群调研、流行趋势信息调研、设计思维灵感素材收集调研、面料市场调研等一系列收集资料及设计素材的调研活动，调研是为展开设计奠定基础。

（一）资料搜集的目的

设计师需要不断地寻找新的设计灵感，以保持其设计的新鲜感、时代感。从这个意义上来说，设计构思就需要以不断地留意周围的信息和收集资料为基础，没有充分的资料收集就不可能有好的设计。资料收集主要从资料收集的目的、资料收集的途径以及资料收集的内容三个方面来展开。

资料收集的目的是为有效的毕业设计决策服务。资料收集可以滋养想象力，激发大脑的创造性思维，设计出既符合市场需求特点又能区别于其他服装品牌，具有创造性和强烈视觉冲击力，能真正激起消费者购买欲望的时尚又实用的服饰品。

（二）资料收集的途径

收集资料的途径可以分为两种：一种是二手资料的收集；另一种是实地资料的收集。二手资料是指已经被整理过的资料。二手资料公布的途径有很多，如网络、电视、广播、书籍、杂志、报纸、调研报告、音像资料等，可以是文字形式，也可以是图片形式，还可以是动态的媒体传播等，通过查找、阅读、探讨、购买、交换、接收等方式进行与研究项目有关的资料收集。二手资料的收集方法是指调研人员对现成信息进行收集、分析、研究和利用的行为活动。通过二手资料的收集，既可以获得间接的资料，又可以迅速掌握有关信息，使自己对市场情况有初步的了解，为进一步深入调查奠定基础。实地资料的收集也称为第一手资料的收集，是必须自己亲身收集资料的行为活动。其主要通过实地考察的市场调研方式获得，主要方法有：观察法、访谈法和亲身体验法。

1．观察法

观察法是调研人员作为一个市场的旁观者进行身临其境地观察，通过眼看、耳听、手记，对顾客的行为和客观事物进行观察。观察包括观察人的语言、表情、动作、流动情况以及产品上柜时间、销售情况、产品风格特点、销售员销售特征等，从而掌握第一手市场信息。当然，由于观察法是通过调研者自身的观察进行调研，因此在调研时要做到客观、选择具有代表性的对象和时间进行调研，避免只观察表面的现象。观察法的基本步骤是：选定研究对象—确定研究题目—进行观察并记录—资料分析。

2．访谈法

访谈法是指通过询问的方式向被调查人员了解市场资料的一种方法，该方法形式灵活，在有无问卷的情况下均可进行。调查人员既可以设计一份结构严谨的问卷，在访问过程中严格遵循问卷预备的问题顺序提问，以方便资料处理；也可以在访问过程中不设标准的询问问题格式，调研人员仅仅按照一些预定的调研目标，自己发挥提出问题进行询问，被调研人员回答这些问题同样有充分的自由。

3. 亲身体验法

亲身体验在市场调研的实操中是非常重要的一种方法。就是调研者在进行市场调研的过程中，亲自试穿，或者让同伴去试穿。试穿的目的是让调研者去领会服饰陈列效果和真人穿着效果之间的差距。有些看上去好看的服饰，穿着效果却不是很好；而有些看上去不显眼的服饰，穿着效果却很好。在设计过程中应多去考虑什么样的服饰适合什么类型的消费者，通过亲身体验还可以发现市场上有很多款式雷同的服饰，它们有些穿戴感觉很舒服，有些穿戴却让人活动不方便，所以设计师更应该重视板型、工艺、面料与设计的关联度。

（三）资料搜集的内容

收集资料之前需要针对主题进行有目的的内容收集，包括服饰市场信息、社会信息、流行咨询、产业链相关信息等。

1. 服饰市场信息

服饰市场信息首先得从国际著名服装设计大师的时尚发布会和国际奢侈品牌、设计师品牌和原创性品牌中去捕捉。这些品牌设计师的时尚发布会原创性强，引导着服饰潮流，其设计特点是具有强烈的视觉冲击力。同时，这些有着悠久历史或者设计师个性的品牌，都包含着强烈的品牌文化、品牌个性和品牌魅力。

2. 消费者信息

不同的消费者会依据各自的生活方式和个性特点不同程度地汲取流行元素。比如，有些人非常追捧时尚，有些人则是时尚的迟缓派，还有一些人则对时尚毫无感觉；有些人喜欢职业风格，有些人则喜欢休闲风格，有些人喜欢淑女风格，另一些人则喜欢运动风格等。面对如此多样的消费者信息，对于设计师而言，必须研究消费者的消费习惯、消费心理，给予针

对性强、适时性强的设计。对于设计而言，只有适合的才是最好的。

3. 市场信息

不同的市场针对的消费群是不一样的，不同的商场定位吸引了不同的消费群体。同样是百货商场，有的聚焦当地高消费的时尚消费群体，有些面向普通老百姓；有些聚焦时尚年轻的群体，有些则是面向大众。在不同的市场中，货品特点也是不一样的，对于未来的设计师来说，要对这些市场的信息具有敏锐的洞察力。

4. 社会信息

服饰是一个国家、一个民族在一定社会时期政治、经济、文化、艺术、宗教等社会思潮和文化进步的反映。因此，设计师应对社会中关于建筑、家具、戏曲、艺术等文化艺术形态和社会动态方面的信息进行必要的收集。在新世纪，人们的着装观念发生了非常大的变化。随着生活水平的提高，追求自然、向往和平、以人为本的生活意识就要求在服饰中体现人性化、个性化的特点。为迎合现代人的审美特点，服饰不是越简洁越好，而是带点装饰性和层次感。服装与配饰也不再完全依附于设计师的原创，实际上，活跃的文化交融使得很多时尚的消费者更愿意自己进行二次设计，穿出个性才是形成消费者需求和欲望的真正原因。随着消费市场日趋多元化，以经济收入为标准划分的"时尚圈"也日趋增多，人们在衣着上更富有创造性。这既为未来设计师的个性化创造提供了很好的设计舞台，同时也给设计师提出了难题——要吻合现代消费者多变的口味不是件容易的事。经济水平直接影响消费者的消费能力，当地的风俗人情、宗教信仰、气候特点同样影响消费者对服装的选择。

（四）资料的分析

1. 归纳分析法

常见的归纳法可分为完全归纳法和不完全归纳法。完全归纳法是根据调查中的每一个对象都有或都不具有的某种属性，从而归纳出某事物该类的全部对象都具有的或者都不具有的这种属性的归纳方法。不完全归纳法是根据调查中的部分对象具有或者都不具有的某种属性，且又没有反例，从而推论出某事物该

类对象都具有的或者都不具有的这种属性的归纳方法。这种方法建立在经验基础上，具有一定的可靠性，简单易行，且可能具有偶然性。为了尽量避免这种偶然性，需要扩大调查对象和范围。

2. 比较分析法

比较分析法是把两个或两个以上事物的调查资料相比较，从而确定它们之间的相同点和不同点的逻辑方法。例如，在调查分析中，找出当今时尚市场总的流行趋势、总的款式造型特点以及当今艺术风格的潮流、文化特征等，再将每个品牌的个性进行提炼，就能比较好地分析出市场的所需，也能找到设计的突破口。

3. 演绎分析法

市场调查中的演绎分析，是把调查资料的整体分解成各个部分，形成分类资料，并通过对这些资料的研究分别把握特征和本质，然后将这些分类研究得到的认识综合起来，形成对调查资料的整体认识的逻辑方法。例如，将调研品牌的橱窗设计、单品设计特点、色彩、材料、款式造型等各项品类逐项进行提炼、对比，分析出品牌各自的用料、用色、细节设计、整体包装以及卖场形象、销售方式等的特点。

4. 结构分析法

任何事物都可以分解成几个部分、方面和因素，构成事物的各个部分之间都有一种相对稳定的联系，称为结构。通过分析某事物的结构和各个组成部分的功能，从而进一步认识这一事物的现象本质的方法叫做结构分析法。在调研中我们会发现，虽然同是奢侈品牌，其内部构成的品类有服装、箱包、鞋靴、首饰、帽子、腰带、领带、香水等，但是通过结构调查就会发现每个品牌在品种中的结构比例侧重会有所不同，有些以箱包为主，有些以鞋靴为主，还有些以首饰为主。不同的品牌都有自己固定的风格定位，每一季又会在品牌风格内结合流行趋势推出各种不同的主题系列产品。

在最后的分析中还要考虑表现的形式，如果仅仅使用文字会产生视觉上的模糊，使阅读乏味，不容易理解，一般情况下可采用以文字和图表相结合的形式表现。

二、方案构思与设计

（一）方案构思

设计构思是设计过程的思维活动。设计构思是针对前面所捕捉到的各种信息进行搜集分析后，来捕捉灵感和把握文化源流的思维活动。下面介绍几种企业在产品开发中实际应用到的设计构思方法。

1. 以品牌风格设计为切入点的设计构思

模仿品牌为切入点的设计构思是根据市场上已有的成功品牌进行风格模仿的构思设计：先搜集和临摹所模仿品牌近几年的款式，然后再进行设计创作，以加强对品牌整体风格的把握。很多设计大师在给新品牌进行设计的时候，也是从了解品牌的风格和过去的款式入手的。这种设计构思的方法较适合以"工学结合"为主题的毕业设计。一些学生刚去企业实习，他们常看到企业中设计的款式很普通，也很大众，于是自己的设计思路打不开。其实，品牌每年的产品开发会由几个部分组成：上一年卖得好的产品创新与延续占10%左右；常年都卖得不错，且款式变化不大的基本款的产品占20%左右；追求流行但适合品牌风格特点，又容易被消费者接受的时尚产品占60%左右；适合品牌风格且非常时尚，生产不多，但为吸引消费者眼球的流行服饰（俗称限量版服饰）占10%左右。前两种相对来说设计的创新性不多，后两种则比较能体现设计的创新性、时尚性。毕业设计作为一种设计成果的表现，设计服饰数量不多，则需要以后两种的设计思路进行引领性的实用服饰设计，使设计有创新性、时尚性和吸引眼球的设计点。经过反复的调研和分析后进行的模仿设计，要把握品牌的设计特点，然后进行创新设计。

2. 以流行趋势为切入点的设计构思

每年国内、国外不同机构发布的服饰流行趋势非常多。流行趋势的发布包括流行色、流行款式、流行设计细节、流行图案、流行面料等的发布。每个流行趋势的发布里都会有相关的灵感来源的文字和图片资料，从中可以了解流行的相关信息：着装理念、文化思潮、生活方式、设计灵感等，这些都可以成为设计构思的设计点。

3．以服饰外轮廓的流行趋势为切入点的设计构思

服饰外轮廓的设计跟服装的流行规律是一致的。一个外轮廓的流行从其产生到最后的消退过程将会持续3～5年，然后是与其反差比较大的轮廓出现。这些外轮廓的流行趋势都可以通过对流行趋势的分析和市场调研、观察后总结出来。因此，在设计构思时，要依照自己选择的风格和消费群体来确定服装的外轮廓设计。流行哪种类型的外轮廓造型，其设计的灵感将源于生活中的某种物品或自然界的某种生物等。如图2-29以猫的形象为外轮廓设计的包，图2-30以猫的形象为外轮廓设计的帽子，图2-31以花卉、蜜蜂形象为外轮廓设计的饰品。

图2-29　猫包

图2-30　猫帽子

图2-31　首饰

4. 以色彩的流行趋势为切入点的设计构思

流行色在设计中的运用会使服饰的流行感、时尚感更强。因此，很多设计师会考虑用流行色，以吸引消费者。流行色在设计构思时既可以用在服装上，也可以作为点缀采用。如：2013年黑白双色成为热门的流行趋势，在2013春夏的时装周发布会上，Marc Jacobs、Dolce & Gabbanna、Saint Laurent等众多知名时装品牌在引领黑白时尚潮流。黑白多以几何图形状呈现，条纹连衣裙、格子包包、圆点黑白凉鞋等都是时尚单品（图2-32至图2-34）。

图2-32 黑白组合

图2-33　方格

图2-34　黑白棋格鞋

钴蓝色一直是长盛不衰的流行色。不管是在春夏还是秋冬，这一浓郁低调的色彩成为越来越多的设计师的选择（图2-35至图2-39）。

图2-35　Janna Conner／钴蓝色玉戒指

图2-36　Kendra Scott／钴蓝色吊坠耳环

此外， 2013春夏色块拼接继续流行，主要体现在箱包、鞋靴设计上（图2-40至图2-42）。

图2-37　Rebecca Taylor / 质感纹理钻蓝色凉鞋

图2-40　Kate Kandry2013春夏系列 / 色块拼接包

图2-38　Chan Luu / 钻蓝色围巾

图2-39　Amalikulture / 钻蓝色太阳镜

图2-41　Marc by Marc Jacobs 2013春夏系列 / 色块拼接包

COLORBLOCKED

图2-42 Diane von Furstenberg 2013春夏系列 / 色块拼接包

　　珠宝设计同样也具有流行色。全球时尚潮流鼻祖纽约、伦敦以及米兰的最新情报显示：绿、黄以及紫罗兰色系将于2013春夏风行全球，而能够展现出这些艳丽色彩的天然绿系宝石包括绿系：祖母绿、绿色钙铝榴石、翡翠；黄系：黄色刚玉、黄晶以及紫系：紫晶、坦桑石（图2-43）。

　　5. 以流行材料为切入点的设计构思

　　材料是服饰设计物质的保证，其成分、织造、外观、手感、质地等物理特性是构成服装样式的物理基础，面料在视觉上的风格特征，如光滑、粗糙、柔软、硬挺、色彩、图案等构成了面料的视觉元素，一款流行且适宜设计的服饰材料会为设计增添姿色。如2013春夏女包流行趋势是以动物皮（蛇皮、鳄鱼皮、鸵鸟皮）为材料进行设计，其次是以透明材质为流行元素（图2-44至图2-47）。

　　6. 以流行图案为切入点的设计构思

　　图案元素是指服饰图案的题材、风格、配色、

图2-43 宝石

图2-44 Charlotte Olympia / 绿色透明材质包

图2-47 Marc by Marc Jacobs / 透明材质包

形式等审美属性，是影响服饰风格的重要设计元素。如碎花图案、几何形图案、虎豹纹图案等。为了突出设计风格，有些品牌拥有固定的图案（图2-48、图2-49），比如：法国爱玛士（Hermes）的典型图案是马具图案，日本森英惠（Hanne Mori）的典型图案是蝴蝶。每一季流行的图案，有来自大自然的花卉图案，也有来自动物的图纹，有些则是古代传承下来的纹样图案，每个图案的背后都是源于生活的创意。

图2-45 Valentino / 透明材质翻盖包

图2-46 Burberry Prorsum / 红色透明材质包

图2-48 Phillip Lim 2013春夏系列 / 印花包

图2-49　Diane von Furstenberg / 印花帆布皮革拼接包

图2-51　Louis Vuitton 2013春夏系列 / 结构感包

7. 以流行的设计细节为切入点的设计构思

在流行趋势的发布中，有些设计细节虽然体积小，但是其画龙点睛般的聚焦作用不可低估，如订珠、面料的镶拼、皱褶、流苏、嵌条等多种的工艺处理设计在服装细节上的运用。有些设计细节会反复地在不同风格的服饰设计中出现，从而成为下一季服饰设计的共性设计。这些设计细节成为设计师捕捉设计构思的灵感来源（图2-50至图2-53）。

图2-52　JASON WU / 链条

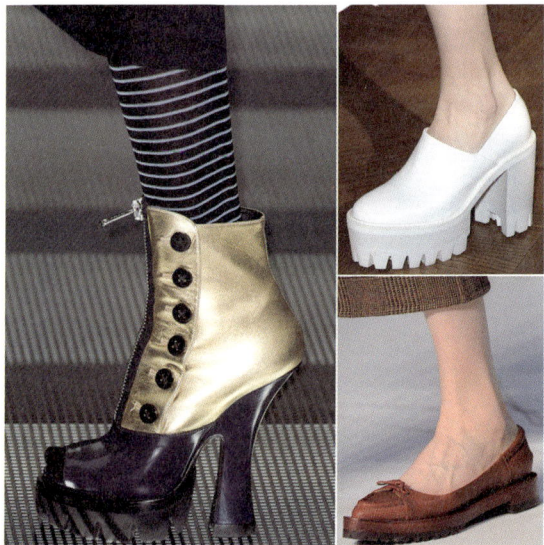

图2-50　沟纹鞋底

图2-53　Saint Laurent Betty / 铆钉装饰链条包

（二）确定主题，制定设计方案

有了设计构思之后，选择一个设计主题或者概念很有意义，因为它可以将作品的主体紧密地结合在一起，使之具有关联度和延续性，从一开始就把握一个设计主题，将会给设计师以贯注的焦点，然后进行整理制定设计方案。在进行设计方案的制定时，首先是对灵感图片和设计主题的思考。不要就服饰而"服饰"，而是在构思的时候就要给服饰以生命。主题相关图片、主题名称和几个关键词设计非常有意义，它可以将一件普通的服装或饰品变成一件有生命的主体，继而赋予服饰以灵魂，并且会增强服饰的系列感。例：服饰配件设计与制作——"窗"，此次设计的创作灵感来源于荷兰抽象派画家蒙德里安，他是几何抽象画派的先驱，认为艺术应根本脱离自然的外在形式，以表现抽象精神为目的，追求人与神统一的绝对境界，亦即今日我们熟知的"纯粹抽象"（图2-54）。这种纯粹的、来源于自然而又超脱于自然的境界最受青睐，特别对于生活在奔波劳累中而无法慢下步伐静心去感受自然和享受生活的人们而言。这就是作者选择以这种简约且纯粹的方式来表现其设计作品的缘由。根据市场调研的结果，在色彩上，2013年黑白双色成为热门的流行趋势，因此在本主题确定以黑白为主色调。在图案上，以几何纹样的变化设计为主要风格，以大小不同的格子组成，形成渐变、射线状，在视觉上有空间错位感。在造型和材质上，将纯手工的黑白皮革穿插的方式与抽象几何图案的应用，流行与创意、个性与时代性融为一体，在国际流行时尚风潮中，注入了抽象图案的精华，正是当代时装潮流中独有的设计与时尚。设计的品种以礼服、手提包、帽子、耳环等服饰为主。

（三）方案评估

设计构思、设计方案的制定，将服装与配饰设计的色彩、理念及所对应的消费对象已经基本确定，这时候就可以展开款式设计。草图是将思维转化为可看得到的图形的一种表现手法，一般不要求画得很好，只要在纸上画一些自己看得懂的设计图即可。草图可以表现一些细节，可以单件来画，也可以整套服饰一起来画。为了节省时间，草图一般不用上色彩，如果实在要上色彩的话，也只需画一些大概的配色和图案。设计中涉及图案之类的设计运用，只要在运用到图案的部位画出大概的形式就行，待出完整设计图的时候可以把它画得清楚一些。在画草图的过程中就应该对面料、辅料、饰品以及工艺等有一些初步的考虑。在设计草图的过程中有时会产生一些如对面、辅料等无法把握的情况，这就需要进一步地去了解更多的资讯，资讯越多，对设计的拓展帮助也越大。目前企业用的主要以平面效果图为主，尤其是以电脑辅助表现的平面效果图为主，因为电脑辅助平面效果图便于在原来的基础上修改，并且速度快。当然有时候也表现得比较机械，不利于拓展思路。如想要充分快捷表达，一开始用手稿会好一点，然后再在电脑上绘制平面图，这样既有利于各种设计拓展思路，又能在电脑上修改、再设计（图2-55）。另外，企业由于面、辅料这一块是现成的，所以画彩色效果图的很少，一般都是在平面效果图的基础之上，在旁边贴上面、辅料的小样，或者仓库里有一些常用的面、辅料，只要写上面、辅料的品号即可。

图2-54 《窗》

图2-55　设计草图

（四）确认定稿

1. 确定设计图

在草图的创意构思到一定程度的情况下，接下来就是要确定设计图。绘制设计图的基本要求是令其他人能够看懂。因此，在画的时候要求比例清楚、结构清晰，让别人看了能够马上明白设计意图。也就是说，设计图是设计师的设计构思被别人明白的一种沟通方式，目前在毕业设计的环节中，从出设计图到最后的实物制作都是由学生单独完成的。在企业中尤其是一些大的企业，分工都很明确。设计师、板型师、工艺师三个环节需要互相沟通，才能使设计效果达到最佳。因此，我们在出设计图的时候一定要养成好的习惯，令设计图成为与别人沟通设计意图的工具。设计图需要以两种方式表现：色彩效果图和平面图。色彩效果图可以画得艺术一点，作为绘画的艺术作品来欣赏，只要把设计的感觉和服饰面料的质感表现出来即可，在色彩效果图的旁边要写上设计说明。然后再根据色彩效果图画出结构清楚、尺寸比例正确的平面效果图。设计草图的表现一般以铅笔、针管笔为主，以迅速记录设计构思为主要目的，但在现在的服饰设计中，很多信息、图片资料来源于网络，因此，草图设计用Coreldraw和Photoshop等设计软件记录越来越受欢迎。

2. 二次设计及定稿

我们对大量的设计草图进行整理、深入，选出1个系列3～6套的服装与配饰，逐步完成设计实施的过程，也就是服装与配饰从款式的确定、造型与坯样、材料选择与二次设计以及成衣制作完成等一系列的设计过程。学生在设计草图阶段，指导教师要多与学生沟通、讨论，从学生的草图中捕捉能表现主题和设计构思的元素或款式，并引导学生做好款式的延伸设计。对于一系列原创服饰而言，设计元素的提炼是创作阶段的核心，是款式设计的突破点，没有设计元素，款式将失去灵魂。因此，学生要多出一些草图，从中获得有价值的设计元素。那么，如何从繁多的设计草图中确定款式呢？我们要考虑服饰的系列感。系列感是指一组由多个风格相同的单套服装与配饰共同构成的服饰，是指既有共同统一的要素，又有鲜明的个性特征的成组配套的服饰群体。共性是存在于一个系列的各个单品上的共有元素和形态的相似性，是系列感形成的重要因素。系列服饰共性的形成，关键在于作品共有的内在精神，包括共有的主题思想、统一的情调和艺术风格。在具体的系列服饰构成中，共性往往借助于相同的面料、相同的造型以及相同的装饰、色彩、标志、纹样、工艺手段、表现手法和服饰品等来体现。系列服饰虽强调共性，但其真正的魅力，往往体现在每一单品的个性特征上。个性的形成往往体现在构成单品的各个方面，在形态、款式、造型、面料、构成形式等方面都可以出现形状、数量、位置、方向、比例、长短、松紧的不同。但在兼顾共性、保证个性的同时，还要注意单品本身的形式完整性或形式美，才能使系列服饰尽善尽美。系列服饰的群体表现能更多地传达设计信息，且有强烈的视觉冲击力和震撼人心的视觉效果。

3. 色彩设计

同一色彩是最易产生共性的要素，如颜色的明暗程度一致或颜色的色相一致，但这样也容易使人感觉单调，故常通过变化其他元素来调和视觉。以款式结构、材质、装饰等的变化来突出每个单品的个性要素，其中主要是材质变化或服装结构线变化，手法是运用近似色。这是指色环上位置相邻的颜色，它们是色彩混合的基础，也是色彩弱对比的设计素材。从色彩配置效果来说，近似色彩的配置要比相同色彩组合的方式更富于变化。如红色和紫红色、黄色和黄绿色都是近似色。当材质相同、色彩也相近时，可变化元素为轮廓造型、结构线、服饰品以及饰物搭配部位，也可通过强调面料材质与肌理质感的对比进行各种组合变化，以突出系列装的个性要素。

4. 效果图制作

上述环节完成后，指导教师可以组织一次学生与教师互动的审稿、定稿课。指导教师让每个学生把草图平铺在一起，先让设计的同学根据主题和构思进行设计阐述，然后通过教师评学生、学生互评的方式来审稿，并提出合理的修改建议，学生收到修改建议后再对草图进行修改和完善，并画好效果图，最终定稿（图2-56至图2-63）。效果图形式的表达出来了，接下来就要找到相应的表现形式来实现服饰的款式造型。一般来说，完善创意、实现好的造型可以通过平面打板和立体裁剪来完成。但由于原创服饰设计的目的是发现一种新的服装形式，故常以"新"的款式造型、"新"的材料、"新"的色彩来传递服装设计的新潮流、新时尚、新审美等。正是由于它的新颖性，所以在款式造型等方面存在着诸多不确定的因素，如果再单单依靠平面打板来完成，局限性就会太大。立体裁剪由于其整个过程都是借助人体模型来完成，具有直观效果好、能够解决平面裁剪中难以解决的造型问题、易于树立造型观念等优点，是完成创意服饰设计表现的最佳方法。

图2-56 效果图①

图2-57 效果图②

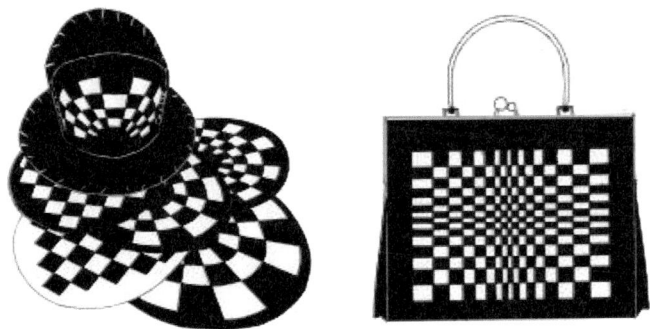

图2-58　效果图③

图2-59　效果图④

图2-60　款式图①

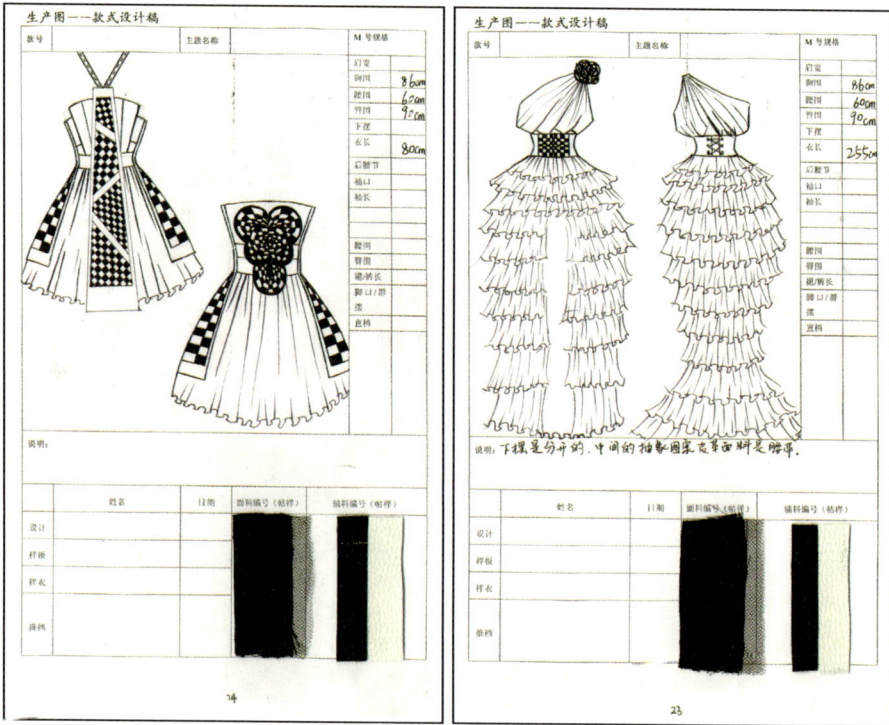

图2-61　款式图②

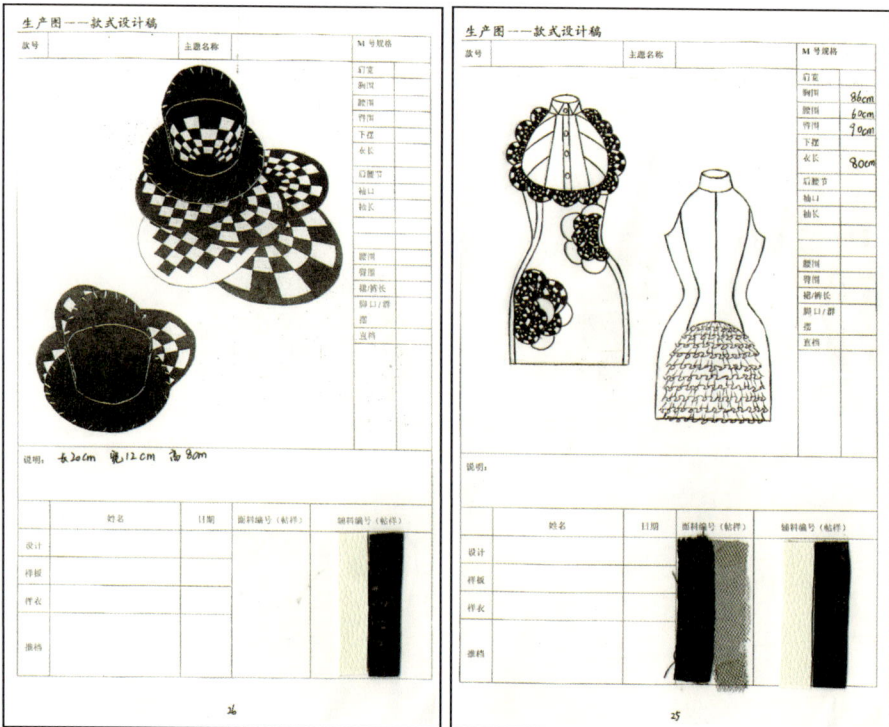

图2-62 款式图③

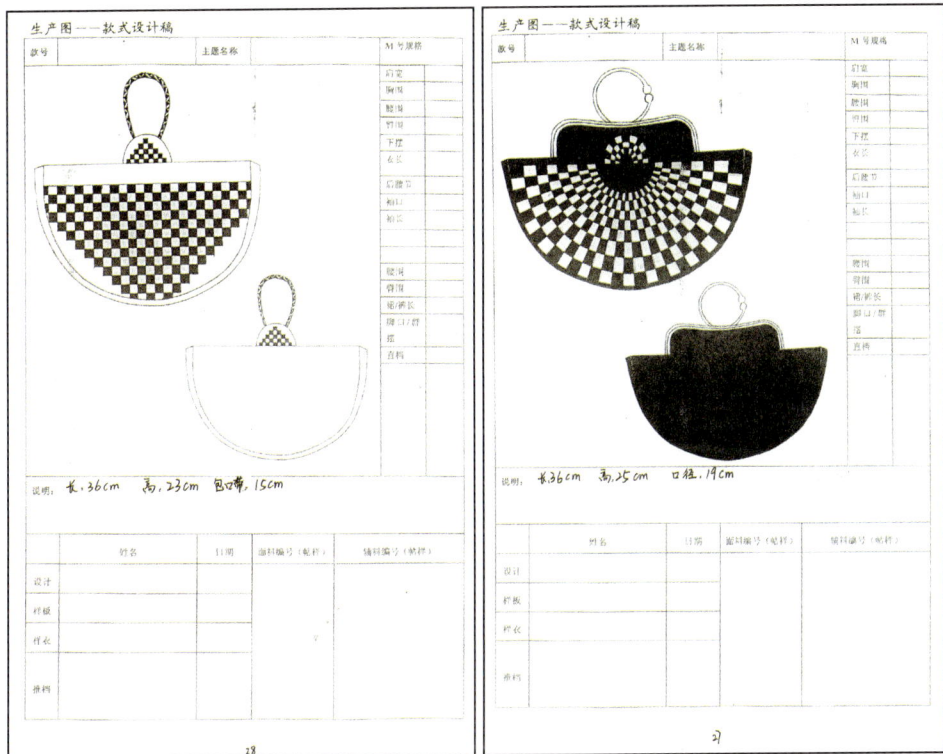

图2-63 款式图④

三、工艺设计与制作

（一）物料准备

设计稿的完成并不是设计的完成，而是设计的开始，要找到与之相匹配的面、辅料，是一项十分艰辛的工作。有时同学们已经画好设计稿，因找不到合适的面、辅料，常常把之前的设计推翻或者是用其他的面料代替，做出来的服饰品总是令人不满意。在制作生产之前，需要准备好完成整个系列服饰的所有物品。如毕业设计服饰配件设计与制作——"窗"，面料采用黑白色的皮革、网眼纱、雪纺和针织面料，在准备物料的时候要结合造型特点做预算，包括数量、资金等。同时还要准备好相应的工具和辅助材料，如专用鞋胶、橡胶板、模型工具A4双面切割垫、不锈钢直尺、橡胶锤子、手柄、口金等，这样才能顺利完成毕业设计。

（二）造型小样

服饰造型主要有外轮廓的造型和内部细节的造型。在做坯样造型的时候，一定先要很好地把握服装的外轮廓。细部的造型很丰富，但要与外轮廓造型相互补充、一致。在造型小样制作时可以尝试各种工艺手法，以达到最佳的设计效果。

（三）工艺实现

1. 设计生产图

款式虽已确定，也不能直接打板，而是要将制作实物的几个款式画成较为翔实的设计生产图，用量化的数字来表述服装造型的感觉，对一些特殊的设计细节及工艺要求进行说明，这也是购买面、辅料数量的一个依据。设计生产图主要包括款式的正背面设计图、款式细节图、特别工艺的说明、规格部位尺寸、面辅料的数量及实物小样等方面的内容（图2-64至图2-66）。正背面的效果图是服饰造型的依据，可以看出服饰长与宽、局部与整体、局部与局部的比例关系。

2. 样板制定

样板是技术准备的第一步，是裁剪、排料、画样等所用的标准纸板，是根据服饰的造型、款式、尺

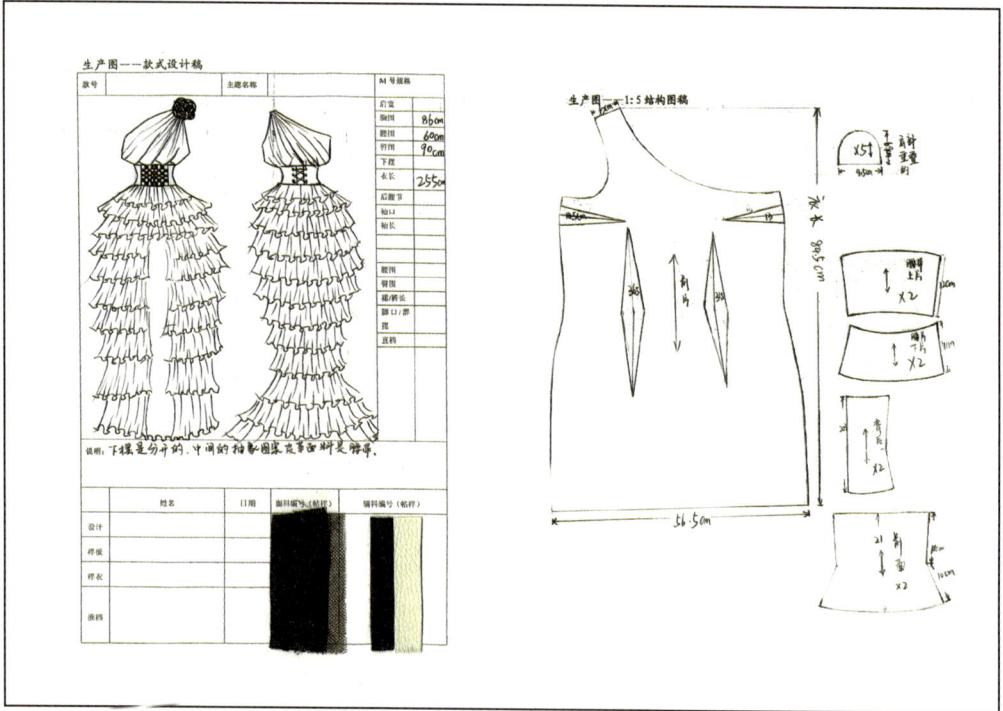

图2-64　生产图①

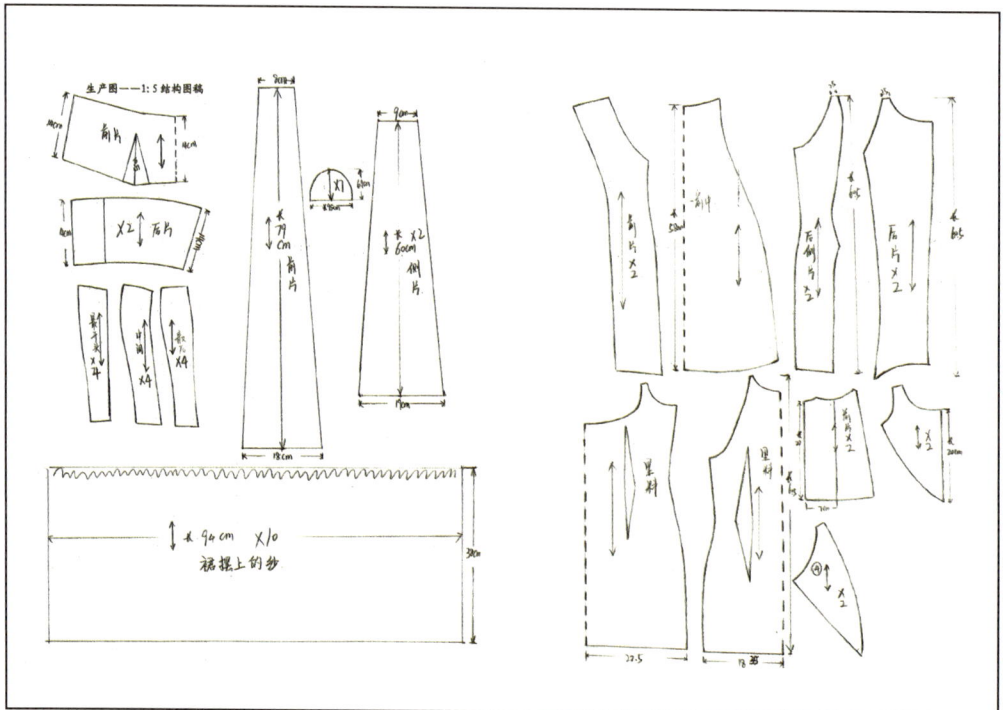

图2-65　生产图②

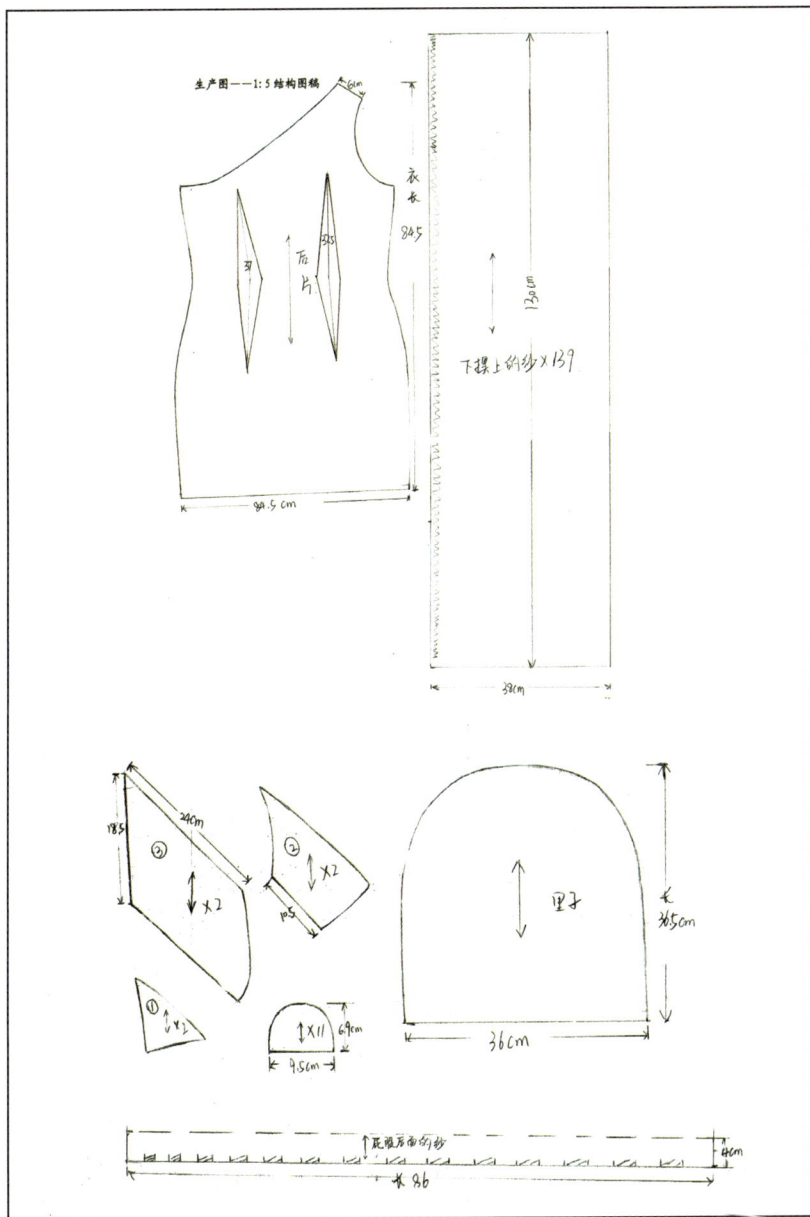

生产图——1:5结构图稿

图2-66 生产图③

寸、规格、原料质地性能和缝纫工艺要求等，运用一定的裁剪制图计算公式，在软纸或硬纸板上画出服装的主件和零部件的平面图后制作的，是确保生产顺利进行以及最终成品符合生产要求的重要手段。在工业生产中一般都是先制作样板后裁剪，通常把制作样板称为打样板。样板有净样板和毛样板两种。毛样板用

作裁剪、排料画样等，净样板用于裁剪或在缝纫工艺中做标准。

根据确定的设计稿制作样板。制作样板时，要求尺寸准确，规格齐全，相关部位轮廓线准确吻合。样板上应标明款号、部位、规格及质量要求。并且一些很小的部位都要求打板出来，以便于修改时有很

好的对比。另外，有些板可以通过立体剪裁和平面制图相结合的办法来制作。在打板时，要考虑面料的质地和厚度。有些面料是弹性的，或者如羊绒等织法较松，或者是成衣洗水都需要在打制板的时候考虑其放松量。在进行款式制图的过程中，效果图、结构图以及小部件的结构图都要非常清楚地制作出来。一般情况下，学生先制作1∶5的结构图再去制作1∶1的实样板。若学生有经验的话，也可以直接制作1∶1实样板。

3. 制作

制作是从裁剪、缝制、熨烫到检验的全过程。工艺水平直接影响着服饰的外观效果，因此，在制作的时候应该严格按照工艺的标准和要求来做。一般的成衣制作都会有基本的流程，而原创服饰力求款式的创新设计，使得款式制作只有一个基本的框架，有些原创服饰的材料还不是选用一般的纺织面料来制作的。因此，在制作前对制作流程需要进行一番设计，把各个环节尽量考虑到，并安排前后次序。比如说，某个细节该用什么工艺方法做？这个细节先做还是那个细节先做？如果没有事先设计、安排好，就会造成拆了做、做了拆的现象，浪费时间和材料。另外，在制作过程中还是要遵循一般成衣制作的规则，比如边做边在模特或模型上试样，及时发现问题，及时修正；做完后再进行整体的试样，不足之处查找原因并修改好，一般不足之处除了工艺制作的好坏与否，还包括在制作过程中出现的工艺造型与白坯布造型产生的偏差；当然好的地方也要总结，可以为下一款服装制作提供经验（图2-67）。

图2-67　成品图

四、展示设计与要求

（一）展示形式

服饰类毕业设计的展示分为静态展示和动态展示两类。

1. 静态展示

毕业设计作品静态展示是将毕业生的设计作品汇集一处，进行静态的展示。这是一次集体亮相的机会，作品要尽可能地表现出设计者的设计意图，不管是饰品还是其他一些能渲染氛围和设计灵感的道具都是不能忽视的，以使作品有强烈的视觉冲击力，得到观众的认可。静态展示中，观众是非常复杂的，既有学生、学校的老师，有时候还有学校邀请的企业人士。如果静态展示的场地是某个展览馆或者陈列馆，观众则来自四面八方，作品得到评价的机会就更大（图2-68）。

静态展示可以分为两种：毕业设计作品答辩静态展示和作品静态展示展览。毕业设计作品答辩展示是最基本也是最常用的一种静态展示。此时，学校会安排几个人台作静态展示的道具，在毕业设计作品答辩前，需要将毕业设计作品和人台搭配好，然后才能进行答辩。当然，也可以选择真人的模特对设计作品进行展示。不管是哪种模特的展示，都必须搭配好饰品，让设计作品以最完整的状态向答辩组的老师展示服装设计意图。然后，设计者可以用5分钟左右的时间对作品进行充分说明。在介绍作品时，尽量用专业词汇对创意思维、设计灵感、用料、用色、设计细节、设计对象以及穿着场合进行足够的说明。这时，答辩老师会比照毕业设计文本和实物，然后根据设计者在答辩中的表现为设计者作品打一个分数。

2. 动态展示

毕业设计作品汇展不同于服装设计比赛、服装设计师作品或品牌的产品发布会，由于其经费有限，不可能像企业一样进行精心和特别的策划，只能根据经费

图2-68　静态展示①

图2-68 静态展示②

的情况，依据服装作品的内容、风格、诉求、场地状况等考虑表演的规模和形式。服装是核心，毕业作品的设计者需要将服装与配饰的理念及音乐，利用舞台的效果与编导、模特沟通，以进行很好地展示和演绎。

（二）动态展示策划

1. 确定主题

毕业设计作品选题较多，在众多的选题中，风格不一，设计对象性别不一。毕业设计选题可以是街头时尚、民族艺术、竞赛项目、岗工结合等。在这几个选题里，学生可选择的作品类型是非常丰富的。为统一毕业设计作品动态展示服装整体风格，就必须在众多的毕业设计作品中找出共性，然后确定出动态汇展的主题。明确主题往往就是表演服饰的选择与搭配、舞台制作艺术与编排艺术发挥的支撑点。

2. 确定展示服装数量

主题一旦确定，就要挑选与主题相吻合的毕业设计作品。一般情况下，30分钟左右的舞台演出，需要80～100套的服饰。当然服装与配饰的数量不仅与演出的时间有关，还与表演的形式有关，单个出场一般需要100套左右，而以系列出场的就只需要80～90套。

3. 确定展示的形式

表演形式与服饰的设计有关。表演的形式分单个出场和系列分组出场。如果是单个出场，必须是服饰的设计细节比较饱满，看点很多。如果单品看点不够，最好是分组系列出场，这样会让观众的视觉在整组服饰中浏览，看的东西就比较丰富了。

4. 确定舞台设计方案

舞台设计包括舞台背景和长度的设计。舞台背景的设计要符合展示的主题；舞台的长度也决定了表演的时间。毕业设计的秀场表演，不一定是在正规场合的"T"型台上表演，有些会借用现成的楼房台阶，或者是公园，或者是典型的建筑物等，不同的场地从出场到进场的长度不一样，"T"型台的伸展台长度为12～18米。

（1）组织。由于毕业设计作品秀具有极强的目的性和较为特殊的观众，其组织程序必须要与这些目的相结合，并为观众服务。服装毕业设计作品秀需要有编导组、模特组、宣传组、后勤组、后台组和拉赞助的组。各个组既有分工、又有合作，在每个组里要设组长，组长之中再选一名负责人，当意见发生碰撞时，必须要由负责人作最后定夺。编导组是贯穿整个表演的中心，需要运用音乐、舞台、灯光、模特造型、化妆风格等多方面的因素以使整台表演能够吸引观众。具体工作包括选择和制作音乐、处理灯光等，编导既要具有广泛的知识，又要具有较好的沟通能力。模特组的主要工作是寻找符合整台表演气质和体形特点的模特。后勤组主要是做好交通、餐饮、人员的联络、邀请函的发送等工作。宣传组做好宣传本次活动的海报制作、新闻报道、拍照、录像等宣传工作。后台组的工作主要是模特的服装试穿，与服装设计师和模特的沟通，是编导、模特、服装设计师三者之间的桥梁。

（2）成本预算。动态秀的运作必须以一定的经费为基础，在组织表演前应确定全部费用的数额，所以成本预算就十分必要。这些费用除主要涉及场地的租赁费、舞台的搭建费、音乐制作费、舞台灯光制作费、模特出场费、编导与排练费、主持人费、化妆发型制作费等基本的制作费用外，还包括工作人员的工作餐、运输费、演出和排练期间的餐饮费、广告宣传费等。这些费用也是最为基本的费用。在实际的操作中，若实在受经费限制，有几个项目的费用还可以省去，一些费用也可以通过拉赞助的形式补充。比如，场地租赁费，如果选择公园等免费的场地，租赁费就可以省去。如果在白天演出，灯光制作费也是可以省去的。模特的费用数额较大，对于学校毕业设计作品汇展而言，不会去邀请顶级的模特来演出，一般会邀请学校内的模特。学校里的模特也是分等级的，很多学校的模特是在外面兼职的，模特费用在每场300～800元不等。因而为节省成本，有时候不找专业的模特，而是找在校学生作临时模特，那么模特费用就可以省去。但不管怎么省，有些费用是必不可少的，减低费用的另一个途径就是拉赞助以充实整体策划的资金预算。

（3）模特。模特是整个服饰表演的承载者，是沟通设计师与观众的桥梁。一场服饰表演是否成功很大程度上取决于模特的选择。模特的气质是否与整台表演风格相符，模特的体形是否符合要求，模特对所要表演的服饰理解是否恰当，都会直接影响演出效果。因此，选模特不是选漂亮的，而是要选符合整台服饰表演气质、服饰风格的。一台30分钟左右的表演，大概需要16位模特。当然，模特的数量跟舞台的长度有关，也跟后台与舞台的距离有关，距离越大，要求模特的数量就会越多。一场服装表演，由于时间的关系，模特发型、化妆都是统一的。如果需要完全不同的装束，就要事先提出来，在征得编导同意的情况下，另找模特，这样就会产生对模特进行专门的化妆和发型的要求。

（4）赞助。在校期间，学生的生活丰富多彩，各种活动应接不暇，活动的费用不是全靠学校经费支持，而是通过从外界拉赞助来充实。赞助有几种形式：道具赞助，如活动用的音响、搭建的舞台等道具，可以通过找专业的展览公司赞助；人力赞助，比如化妆师、模特、工作人员等；还有资金赞助。拉赞助要实事求是、利益互惠，可以通过主办单位、协办单位等以冠名的方式与赞助商合作，也可以在主持人的讲稿里提及赞助商的名称，在醒目背景标题里写上冠名单位、协办单位等，或让赞助商作为特邀嘉宾出席当天动态展，在宣传单上也要有计划地提及赞助商的名称，让赞助商的利益在动态展的筹备、宣传到最后演出的过程中有所体现。

（5）其他。在进行动态展的策划活动时，就要制订一份切实可行的流程表，按照流程表的内容开展工作。在进行毕业设计秀的决策时，每个学生都会有不同的意见，此时，在组里要选一个能力强、有领导才能、有说服力的学生担任组长，当他们的意见不一致时，让组长作出最后的决定。演出时的音乐，可以找与作品相吻合的，也可以找与众不同的，如果自己不想找或者找不到，可以请编导老师帮忙，只要提出需要的音乐节奏和旋律就可以了，他们会凭经验帮忙去找。但是有一点，这样找来的音乐有可能比较大众化，在整台秀场上会不突出。音乐选择上还需要注意的是，所挑选的背景音乐不能太长，也不能太短，要与作品表演时间的长度相一致；还要为整台演出做好音乐制作工作，以免在现场出现音乐断场的状况。编导在整台动态展出中起着非常重要的作用，要保证整台动态秀场的节目质量，必须请一位专业的、能力强的编导为本次的汇展作指导（图2-69）。

图2-69 动态展示

第三章
评 价

第一节　评价的原则

对毕业设计作品的评价，应遵循过程与结果并重的原则，因此毕业生在毕业设计过程中，应注意积累各阶段的设计成果，指导教师在评分时不仅要观测设计的最终效果，同时也要观测从主题定位到构思到方案形成乃至完成作品实物的整个过程。

一、对设计作品的评价

对毕业设计作品的评价，最直观的就是对最终设计作品的评价，评价综合了多方面的因素，一般遵循以下原则：

（一）创新原则

创新原则就是通过引入新概念、新思想、新方法、新技术等，或对已有产品的革新来创造具有相当社会价值的事物或形式。创新是设计的核心。

（二）实用原则

实用原则是指设计的产品为实现其目的而具有的基本功能。它包括物理功能（产品的性能、构造、效率精度和可靠性等）、生理功能（产品使用的方便性、安全性、宜人性等）、心理功能（产品的造型、色彩、机理和装饰诸要素给人以愉悦感等）和社会功能（产品象征或显示个人的价值、兴趣、爱好或社会地位等）。

（三）经济原则

即以最低的费用取得最佳的效果，也就是要提高功能成本比：在功能不变的前提下降低成本；在成本不变的前提下增加功能；在增加功能的同时降低成本。

（四）美观原则

好的产品也能让人们从产品的外观和造型上得到美的体验、享受和精神上的愉悦。

（五）环保原则

产品设计必须考虑它与人、社会、环境的关系，要有尊重他人知识产权、技术成果的观念。技术规范既有强制性的标准（质量和安全方面），也有条例推荐使用的技术标准，既要满足当代发展的需求，又要考虑未来发展的需要，不以牺牲后人的利益和长远的利益为代价来满足当代人的需求。

二、对设计工作的评价

除了评价作品的视觉效果，对毕业设计的评价还要考虑设计工作的其他因素。指导教师主要评价成果的科学性与创新性、文案的规范性与实用性、作品效果与工作量以及学习态度等；答辩组主要评价选题合适与否，成果的科学性与创新性，文案的规范性、实用性，作品效果和工作量如何，对实际应用和答辩效果进行评价。毕业设计成绩鉴定由指导教师、集体评分（答辩）小组按适当的权重加权后评定而成，综合考察毕业生发现问题、解决问题的能力。成绩一般按优、良、中、及格和不及格五级评定。

第二节　评价的方法与手段

对学生毕业设计作品的评价一直是工业设计专业毕业设计比较关键的一环，一方面是对学生两个月毕业设计工作的评估及认可，另一方面也是学生自我展示的一个好的平台。学生毕业设计的最终成绩是由评价者就学生毕业设计展示、答辩情况、工作过程给出一个公正合理的分数。

一、设计展示

学生在毕业设计结束时要求完成规定的展示材料，主要包括：

（一）展示版面

展示的版面要求一两张版，有统一的模板，尺寸为60cm×160cm。展示的版面要体现出设计作品的功能、用途、使用方式等，并有清晰的效果图及产品设计说明。

（二）设计报告

完成设计报告书，要求A4打印胶订。报告书要求20页以上，应该有封面、封底、扉页、目录、正文、参考文献等，设计形式不限，正文文字一般要求采用五号字。

（三）图纸

0号图纸，要求将能体现设计作品尺寸、结构的至少4个视图（主视图、俯视图、左视图、透视图）以合适的比例绘制在图纸上，并进行必要的尺寸标注。

（四）实物模型

要求学生按实际情况完成适合比例的设计模型。模型应尽可能真实地反映设计的需要，必要的结构、功能都必须做出，同时要求在后期处理上尽可能达到效果图的要求。

二、设计答辩

毕业答辩由各院（系）毕业答辩委员会主持。答辩委员会由领导和专家5~7人组成。其成员必须具有中级或中级以上职称。学生人数多的专业还可成立专业答辩委员会，专业答辩委员会在院（系）答辩委员会领导下工作。根据需要，答辩委员会可下设若干答辩小组，开展答辩工作。有条件的专业可聘请中级或中级以上职称的校外专家参加答辩工作。答辩委员会的主要职能和工作程序为：组织毕业设计评阅，审定学生毕业答辩资格，组织学生毕业答辩会，评定学生毕业设计成绩并撰写评语。在答辩过程中，要求学生必须熟悉自己的设计作品，并要完成陈述PPT，设计版面及模型。学生需对自己的设计作品自述12~15分钟，自述完毕后，至少回答答辩老师的3个有针对性问题。根据学生陈述、答辩情况，答辩老师给该学生评分。

三、评价者

毕业设计的评价者包括学生本人、指导教师、评阅人、企业人士以及用户等，各评价者的侧重各不相同，需要按规定的要求给出相应的评价。

（一）自我评价

学生在完成毕业设计后，要据自己的实际情况，对自己的设计及设计过程中遇到的问题、解决方法等进行自我认定及评价。

（二）指导教师评价

指导教师是最了解学生的，因此可以对学生的毕业设计进行认真、全面的评价。需要对学生的设计水平、毕业设计完成情况、工作能力及态度写出评语，并依照相应的评分标准一一作出评分。

（三）评阅人评价

由答辩委员会聘请非指导教师担任评阅人，对毕业设计进行认真、仔细的评阅，写出评语并依照评分标准给毕业设计评分。

（四）企业评价

毕业设计涉及具体企业的，在设计进行中、结束后都会邀请企业人员参与该设计的指导及评价，并写出相应的指导意见及评语。

（五）用户评价

学生在毕业设计开始前需要进行市场调研以了解用户的需求。一般情况下，毕业设计结束后，也应进行相应的用户调查，从而对设计作品进行全方位的评估。

第三节　评价的标准

一、评分指标

毕业设计的评价标准一般设置课题与任务、成果质量、工作量、学习态度、答辩效果、实际应用等六个一

级指标，每个一级指标设置1~4个二级指标，并且设定优（100≥X≥90）、良（90>X≥80）、中（80>X≥70）、及格（70>X≥60）和不及格（X<60）五级的描述性指标，由评价者按照学生实际情况对照性评判（表3-1）。

表3-1 艺术设计类专业毕业设计成果评分标准

评价项目		优（100≥X≥90）	良（90>X≥80）	中（80>X≥70）	及格（70>X≥60）	不及格（X<60）
课题与任务	岗位贴近度	课题任务与毕业生职业岗位或期望的职业岗位的相关性很高，突出相关职业岗位或岗位群中关键能力和基本能力	课题任务与毕业生职业岗位的相关性很高，较好地体现了相关职业能力和基本能力	课题任务与毕业生岗位有相关性，基本体现相关职业能力	课题任务与毕业生职业岗位有一定的相关性和体现相应职业能力	课题任务与毕业生职业岗位及其职业能力训练基本无关
	专业贴近度	课题任务与毕业生所学专业有很强的相关性，有利于学生整合原来所学的专业知识，提高专业技术应用能力，使专业技术能力更适于职业岗位	课题任务与毕业生所学专业相关性、综合性较强，有利于提高专业技术应用能力	课题任务与毕业有联系，与专业技术应用能力相关	课题任务与生所学专业有一定联系，能一定程度体现专业技术应用能力	课题任务与毕业生所学专业基本无关
成果质量	创新性	设计有很好的创意，具有前瞻性，原创性	设计有一定的创意，时尚度把握得好	设计基本有创意，紧跟流行	设计有较少的创意，基本结合流行	设计没有创意，且过时
	规范性	成果文本格式完全符合规范化要求，文本主体部分字数足量，格式正确，文字通顺，能清楚地表达设计构思和设计方案	文本格式达到规范化要求，文本主体部分字数足量，格式正确，文字通顺，能表达设计构思和设计方案	文本格式基本符合规范化要求，文本主体部分字数基本足量，基本能表达设计构思和设计方案	文本格式勉强达到规范化要求，文本主体部分字数偏少，其他材料基本齐全。能勉强表达设计构思和设计方案	文本格式达不到规范化要求，文本主体部分字数过少，其他材料不齐全，不能正确表达设计构思和设计方案
	作品效果	色彩的运用及造型符合作品创意，材料运用得当，制作工艺精湛，整体效果完整等；创作表现手段及技法运用十分到位	色彩的运用及造型较符合作品创意，材料运用合适，制作工艺好，整体效果完整等；创作表现手段及技法运用较到位	色彩的运用及造型基本符合作品创意，材料运用基本合适，制作工艺一般，整体效果基本完整等；创作表现手段及技法运用基本到位等	色彩的运用及造型勉强符合作品创意，材料运用基本合适，制作工艺较粗糙，整体效果勉强完整等；创作表现手段及技法运用基本到位等	色彩的运用及造型不符合作品创意，材料运用不当，工艺差，表现技法不合适，未完成整体工作

（续表）

评价项目		优（100≥X≥90）	良（90>X≥80）	中（80>X≥70）	及格 （70>X≥60）	不及格（X<60）
工作量	工作量	成果体现了毕业生较大的工作量要求，并体现任务的独立完成性	成果体现了毕业生规定的工作量，并体现任务的独立完成性	成果体现了毕业生一定的工作量，任务基本上能独立完成	成果体现了毕业生一定的工作量，任务独立完成性一般	任务准备工作不充分，独立完成性差
学习态度	钻研与勤奋	勤奋好学，刻苦钻研，针对设计要求，体现敬业爱岗的职业精神，圆满地完成任务	虚心好学，有钻研精神，较圆满地完成任务	态度认真，能根据要求基本完成	态度一般，能基本完成任务要求	态度不认真，任务完成较差
	与指导教师的配合	在毕业统合实践过程中，与指导教师积极保持沟通，主动提供毕业综合实践的进展信息，接受指导教师指导	在毕业统合实践过程中，与指导教师联系较多，接受指导教师指导，取得较好的训练效果	在毕业统合实践过程中，与指导教师保持联系点，学生根据指导教师的指导思考并修改实践方式与思路	在毕业综合实践过程中，与指导教师保持一定的联系，学生根据指导教师的指导进行修改	在毕业综合实践过程中，与指导教师联系不畅，指导无法落实，综合效果不佳
答辩效果	答辩陈述	答辩陈述准备充分，条理清楚，能完整地陈述课题的主要内容和实施路径	答辩陈述准备较充分，条理较清楚，能较完整地陈述课题的主要内容和实施路径	答辩陈述准备基本充分，条理基本清楚，能反映课题的主要内容和实施路径	答辩陈述有准备，条理性一般，基本能反映课题的主要内容和实施路径	答辩陈述准备不够，条理不清楚，不能完整地陈述课题的主要内容和实施路径
	回答问题	答辩时能清晰、正确、全面地回答与课题有关的问题	答辩时能对与本课题的有关基本概念及主要问题作正确回答	答辩中能表达自己的设计思路和要说明的问题，在教师启发下，对所提问题能比较正确地回答	答辩中基本能够表达自己的设计思路和要说明的问题，但回答不全面，有次要性错误	答辩时没有掌握本课题中最基本的内容，对有关专业及基础知识的掌握多处有原则错误，表明对课题的最低要求未达到
实际应用	实用性	成果实用性强，可以用于解决现实岗位的实际问题或满足职业岗位的实际需求	成果实用性较强，能解决一定的实际问题，基本满足岗位实际需求	成果有实用性，对职业岗位有指导意义	成果有一定实用性，对职业岗位需求有一定指导意义	成果基本没有实用性，对职业岗位需求缺乏指导意义

（一）课题与任务

评价该课题与专业、岗位贴近度如何，如果课题任务与毕业生所学专业有很强的相关性，能提高专业技术应用能力使专业技术能力更适于职业岗位的，或突出相关职业岗位或岗位群中关键能力和基本能力的训练的为优秀的毕业设计课题。因此，选择合适的课题很重要。

（二）成果质量

从创新性、规范性、作品视觉效果三个方面评价。设计有很好的创意，具有前瞻性，成果文本格式完全符合规范化要求，文本主体部分字数足量，格式正确，文字通顺，能清楚地表达设计构思和设计方案，且色彩的运用及造型符合作品创意，材料运用得当，制作工艺精湛，整体效果完整等创作表现手段及技法运用十分到位的为优秀的毕业设计。

（三）工作量

在整个毕业设计中工作量要饱满，只有体现了毕业生较大的工作量要求，并体现任务的独立完成性，这样的毕业设计才是优秀的。

（四）学习态度

主要评价钻研与勤奋程度及与指导教师的配合情况。教师在评价时，要观测学生是否勤奋好学，刻

苦钻研；是否针对设计要求，体现敬业爱岗的职业精神，并能否圆满地完成任务；是否与指导教师积极保持沟通，主动提供进展信息，虚心接受指导教师指导。如果答案皆为肯定，那就是优秀的表现。

（五）答辩效果

主要评价答辩陈述是否准备充分，是否条理清楚，是否能完整地陈述课题的主要内容和实施路径。如果答案皆为肯定，就是优秀的毕业设计。

二、指标权重

表3-2 指导教师评价表

项　　目		分　值	实际得分
成果质量	科学性与创新性	20	
	规范性（设计说明书或论文）	10	
	实用性	20	
	作品效果	25	
工作量	工作量	10	
学习态度	钻研与勤奋	10	
	与指导教师的配合	5	
合　　计		100	
是否同意答辩		指导教师签字	

表3-3 答辩（集体评分）评价表

项　　目		分　值	实际得分
课题与任务	岗位贴近度、专业贴近度	10	
	训练实效性	10	
成果质量	科学性与创新性	20	
	规范性（设计说明书或论文）	10	
	实用性	15	
	作品效果	20	
工作量	工作量	10	
答辩效果	答辩陈述/回答问题	5	
合　　计		100	
集体评分/答辩小组组长签字			

注：指导教师主要对成果质量、工作量和学习态度进行评价。集体评分小组/答辩小组主要对课题与任务、工作量、实际应用和答辩效果进行评价。指导教师评分、集体评分小组/答辩小组评分分别占40%、60%。在实际运用时，可根据情况将学生自评、评阅人评价、企业与用户评价也按必要的权重折入总成绩。

附录1 日用工业品设计毕业设计案例

一、 嘉兴职业技术学院毕业综合实践实施计划报告（开题报告）书

毕业综合实践课题名称：洛可可风格眼镜设计
毕业综合实践任务要求： 1. 学习要求：了解并逐步掌握产品设计的整个流程。 2. 在综合实践阶段，以培养实际应用能力为目的。在规定时间内，运用所学专业知识完成毕业设计、毕业论文等一系列综合实践任务。
毕业实践课题设计研究的目的： 1. 对眼镜进行个性创新设计。 2. 将创新与实际结合。 3. 在产品设计中融入洛可可风格。 4. 把传统与古典巧妙结合，强调产品的女性美，凝造出一股独特的女性风韵，让每一位女性顾客都能拥有美丽的一面，同时能彰显她们的不同个性。 5. 设计只有承接人类的传统文化（无论是传统还是时尚）并融入到现代消费文化中，才能走得更远、更好。
课题实施的方法： 1. 进行对眼镜的认知活动并了解眼镜市场的现状。 2. 综合分析收集的资料和自己的设计理念。 3. 进行底稿的绘制和方案的确定。 4. 利用PS、CAD、 3ds Max等设计软件进行眼镜设计及输出方案。 5. 设计论文的写作与修改。 6. 准备最后的答辩和展示。
课题进度安排计划： 1. 2011年11月完成课题报告，并开始搜集材料。 2. 2011年12月完成草图初步定稿以及最后定稿。 3. 2012年1月完成产品平面效果图和3D效果图的初步定稿。 4. 2012年2月完成平面效果图和3D效果图的最终定稿和CAD的制作。 5. 2012年3月实物产品制作。 6. 2012年4月整理资料，完成毕业设计说明。 7. 2012年5月对设计说明作修改后确认完成。 8. 2012年6月最终毕业论文答辩，设计作品、产品模型实体展示。
课题预期的阶段成果及最终结果 阶段成果： 1. 对于眼镜的调研较深入。 2. 眼镜的设计完稿。 3. 毕业论文的完成与毕业设计的版面输出。 最终结果： 1. 毕业答辩。 2. 毕业设计展示。

续表

毕业综合实践课题名称：洛可可风格眼镜设计

参考文献资料：

[1]胡德志.华丽的洛可可艺术[M].北京：人民美术出版社，1989.

[2]中央美术学院.外国美术简史[M].北京：中国青年文学社，2007.

[3]宋科新.洛可可艺术风格的渊源及对服饰的影响[J].南宁职业技术学院学报，2005（1）.

[4]丁玉兰.人机工程学[M].北京：北京理工大学出版社，2000，67～68页.

[5]张锡.设计材料与加工工艺[M].北京：化学工业出版社，2004，110～115页.

[6]杜海滨.设计与风格[M].沈阳：辽宁美术出版社，2001，76～77页.

[7]赵江洪.设计心理学[M].北京：北京理工大学出版社，2004，89～90页.

[8]朱会平.产品与工艺品设计[M].哈尔滨：哈尔滨出版社，2000，100～101页.

[9]张展.产品设计[M].上海：上海美术出版社，2002，15～17页.

指导教师意见：

指导教师（签名）：
年　月　日

二、 嘉兴职业技术学院毕业设计说明书

学　　校：　嘉兴职业技术学院
题目名称：　洛可可风格眼镜设计

摘要：配戴眼镜逐渐成为一种时尚，俗话说"爱美之心，人皆有之"。眼镜越来越朝着功能化、个性化、多元化的方向创新发展。我设计具有洛可可艺术风格的眼镜，希望其具有市场可行性和实用价值，能投入生产，并具有一定的市场潜力和需求，让更多爱美的年轻人戴着这一款眼镜走在时尚潮流的前沿。

关键词：传统文化、洛可可、美学眼镜、审美创造、女性眼镜

（一）概述

眼镜作为一种时尚消费品，在现代社会对人们的服饰搭配起着衬托作用。不同年龄层次的女性具有不同的消费心理，但是她们在购买某种商品时，首先想到的就是这种商品能否展现自己的美，能否增加自己的形象美，使自己显得更加年轻和富有魅力。近年来，随着物质文化生活水平的提高，人们佩戴眼镜并不是只想要矫正度数，而是希望镜架能起到装饰的作用，掩饰缺点和突出优点。产品想要在未来激烈的市场竞争中取胜，在很大程度上依赖于是否能以最快的速度、最低的成本生产出高质量的满足客户个性化需求的产品，设计和创新的重要性毋庸置疑。不论是青年女性，还是中老年女性，她们都愿意将自己打扮得美丽一些，充分展现自己的女性魅力。所以，探讨当代背

景下的女性眼镜设计对传统文化的承载，对设计文化的发展具有深远的意义。

（二）设计选题及背景说明

首先，从功能上看，目前眼镜市场上眼镜的功能比较单一。然而，现在人们对于眼镜的需求已经从过去单一的矫正视力的功能上升为一种具有消费意义的时尚配饰。

从消费者角度来看，从几十年前到现在21世纪，女性消费者的增加，体现了女性消费市场是一个潜力极大的市场。未来的眼镜发展在于所有的人都有需求，这不仅仅限于视力矫正者，同时拥有几副不同款式或用途眼镜的女性消费者也越来越多。

其次，从个性化来看。眼镜不论是从功能性还是时尚性来说，都应该是个性化的东西。现在的时尚年轻人，从近视的到视力正常的时尚潮人都喜欢佩戴有创意的或者大框的眼镜，修饰脸型，美化自己。根据这些特征，选择眼镜作为本次课题的设计选题。作为舶来品，从欧洲传统文化上看，眼镜设计的发展更需要承载传统文化的精神、风格以及神韵。因为如今的设计不再只是简单的装饰艺术，而是与传统文化的深层交流。基于人种、脸型、视觉习惯和服饰搭配的差异上，眼镜需要从不同材质、款式和舒适性上来满足人的不同需求。所以，探讨当代背景下的女性眼镜设计对传统文化的承载，对设计文化的发展具有深远的意义。

最后，从消费角度来看。女性是天生的购物者，但是她们在购买某种商品时，首先想到的就是这种商品能否展现自己的美，能否增加自己的形象美，使自己显得更加年轻和富有魅力。因此针对女性购物特点，结合欧洲传统文化，我设计了专门的眼镜。

（三）设计选题的市场调研及分析结果

1. 调查目的

眼镜近年来受到了广大女性消费者的热爱，并成了她们的必备品。为了更大程度地满足女性消费者对美的要求，了解女性对眼镜的需求情况。我进行了调查：

现在的年轻人都喜欢佩戴大框的或有特色的眼镜来装饰自己。但对于近视的年轻人来说，大框眼镜一般只局限于胶架眼镜，而金属甚少，对于追求时尚个性的年轻人来说，改变传统的眼镜形态是否会提高其销售量？带着疑问我进行了更深入的市场调查与研究。

2. 调查方式

通过网络问卷、专业调查网等各种形式进行调查。

3. 调查分析

开展问卷调查、口头问卷、网络问卷、专业调查网等各种形式，我们调查了100位时尚女性。通过调查发现，年轻人对眼镜的期望集中在款式多样、新颖、时尚、价格合理、设计个性化。

4. 分析结果

根据分析我们发现，早期的眼镜零售市场基本上靠验光和信誉制胜。由于消费者需求比较单一，主要集中在解决视力问题方面，所以对眼镜的款式、材质等没什么个性的需求。但是随着近年来社会的发展，消费结构多元化，消费观念也逐渐多元化。从我们的调查分析可以发现，以往单一的设计已经不再适用。大众的需求逐渐向多元化的趋势发展，开始注重个性的设计。年轻人生活在特殊的文化氛围中，必将成为以后消费的主流。而新时代下的人更追求时代个性，眼镜也应该代表新文化、新技术、新美学、新环保等新思想，引领更新潮的时代走向。客观而言，国内眼镜零售市场近两年的混战主要停留在价格层面，这也是行业进行整合的阶段性表现形式。可以说，眼镜消费趋势变化的节奏将会越来越快，变化也会有很多方式，但时尚化必然会成为主流趋势之一。因为眼镜行业只有时尚化才可能在品牌影响力、价格、消费人数、消费频率等方面获得爆炸性的增长，而且消费者不断变化的需求和眼镜行业调整的客观形式也决定了眼镜行业必须与时尚"亲密接触"。

我们经过充分调研，得到了真实的资料与数据，并对基础数据进行了统计、分析和研究，决定对现今的眼镜设计进行功能的改良与创新。最终调查发现，民众对眼镜的期望集中在质量要过关，款式多样化，有专门的女性眼镜可以选择。

（四）设计思路及过程

1. 设计思路

众所周知，洛可可艺术的特点改变了古典艺术中平直的结构，采用C型、S型和贝壳型涡卷曲线，颜色淡雅柔和，形成绮丽多彩、雍容华贵、繁缛艳丽的装饰效果。除此之外，表现在印花图案上则是大量使用自然花卉主题，所以有人称这一时期法国的印花织物为"花的帝国"（The Empire of Flora）。洛可可艺术风格在表现上，追求面料质地柔软，花纹图案小巧，而且面料的色彩趋于明快淡雅和浓重柔和相并进，最能强调女性美。

一个沉闷的人不会和别人有太多的交集，难以给人带来欢笑；而活跃的人更受大众喜欢，易于带来欢笑。眼镜也是如此，沉闷便会被淘汰，有创意才会被人们喜爱。生命的快乐在于动感，平淡也能筑造色彩，平凡的线条也能互相交集编织成一道道美丽的画面。关注细节，相信细节也能带来感动。在以线条为主题的眼镜中，巧妙地将线条绘制成时尚的类似斑马的纹路，绚丽的颜色让活跃的线条更带有动感，犹如美妙的音乐有着高低的音律，令金属眼镜也更加时尚。

近年，随着技术的进步，采用了记忆合金来制作眼镜，可维持其形状，就算屈曲也不会折断，令眼镜镜框在拥有更长寿命之余，也能避免镜框折断伤人。同时在镜框臂的绞位加入弹簧，也会令眼镜更耐用。而用钛金属制造的镜架，则更轻、更具有耐腐蚀性，可避免在长期佩戴中由于汗液对金属的腐蚀而失去光泽。

2. 设计过程

（1）方案初步设想见设计草图（图1）。

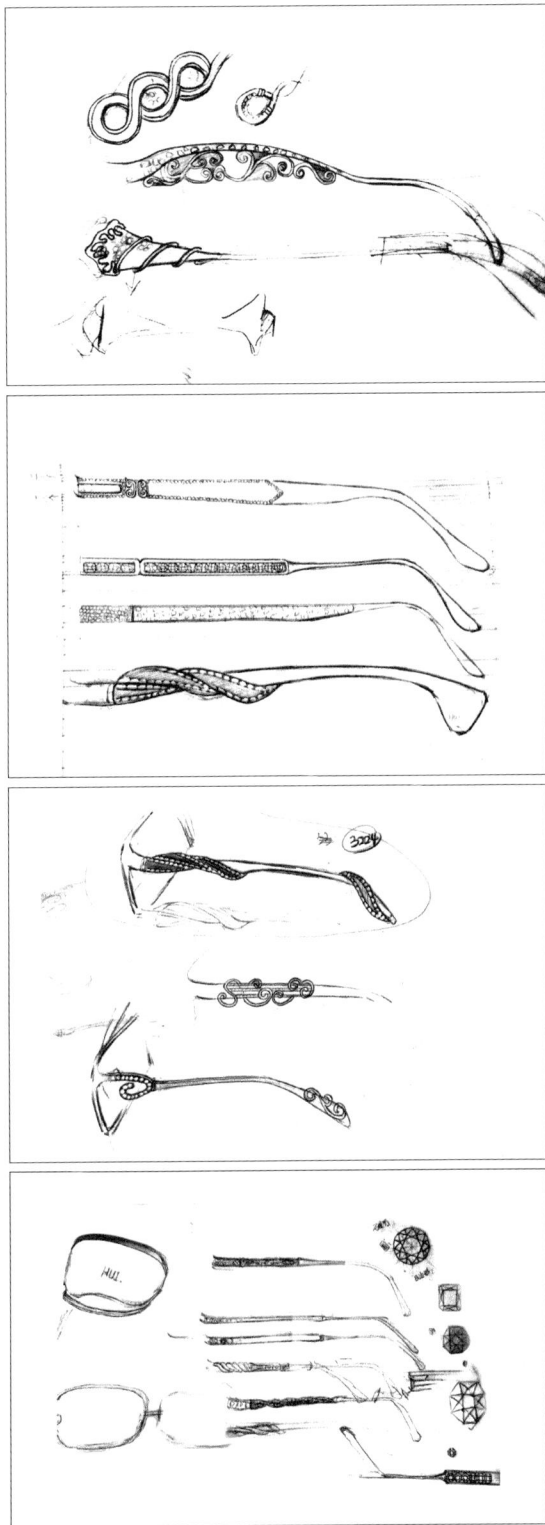

图1 设计草图

（2）花纹定稿。洛可可风格眼镜系列设计有着纤弱娇媚、华丽精巧、甜腻温柔、纷繁琐细的特征（图2），而进行纯手工塑造的每款洛可可眼镜的镜脚都有其独特的花纹设计亮点。

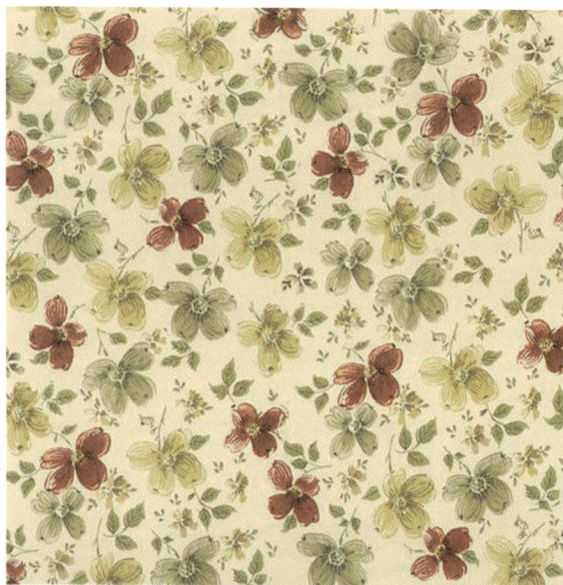

图2　纯手工花纹

（3）尺寸图制作。进入具体的设计与制作，必须要有尺寸图（图3）。

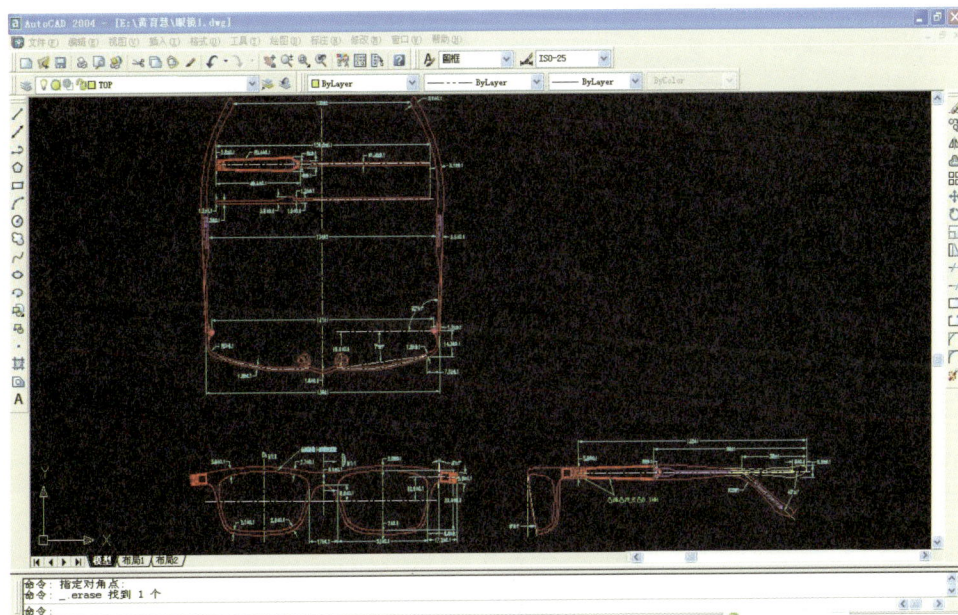

图3　CAD尺寸图

（4）建模。3D建模（图4）。

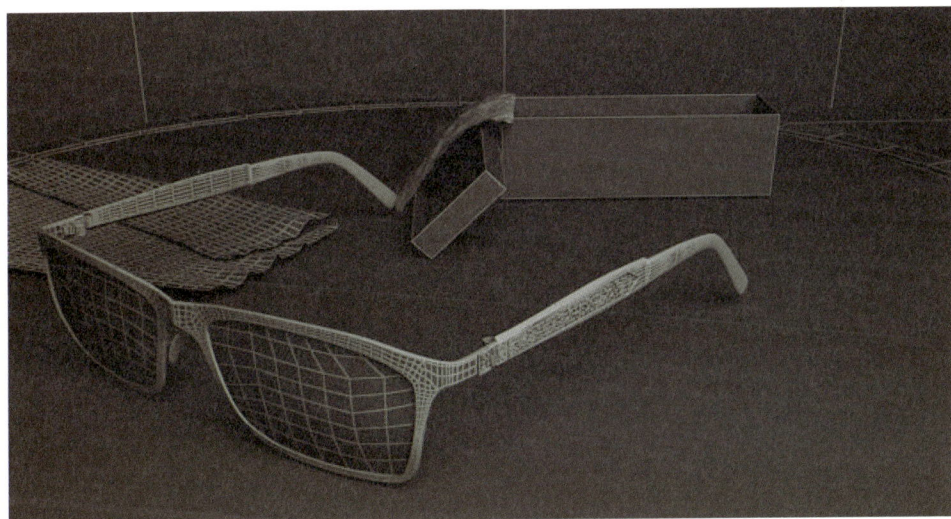

图4　三维建模

（5）模型制作。模型制作是设计过程的一个关键环节，不仅透露着设计师对产品的理解，而且是设计思想、设计创造的体现。模型制作可以将设计出来的产品更直观地展示出来，它是把设计转化成实物的过程，并与生产实际相结合（图5）。

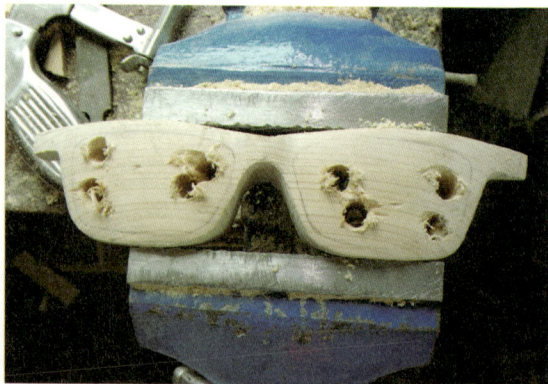

图5　模型制作流程

（五）设计成果

图6　设计成果

（六）设计后展望

未来眼镜是向着功能化、个性化、多元化的方向创新发展。我希望自己设计的眼镜具有可实现价值，可以把眼镜设计成工艺品，使眼镜不只具有佩戴的功能，更能体现产品的多元化。

（七）设计总结

经过此次毕业设计，我深刻体会到：设计不是艺术。设计是沟通，是传达；而艺术是表现，是创作。设计不能仅凭着设计师的感觉去做，更要考虑各种因素，寻找出最佳的表达方法。眼镜作为消费文化的载体，无论它以怎样的时尚性面孔出现，无论它怎么变换其功能，都应时刻凝聚传统文化的精神、风格以及神韵。正如日本眼镜能延承日本传统文化中的七宝烧传统工艺而进行纯手工塑造，或许还有很多的设计实例能为我们找到答案，并指引我们设计文化前进的方向。由于传统文化在不同的社会环境中表现为不同的状态和形式，面对这多元化的传统文化，设计的主题并不仅仅如眼镜设计那样只是表达一种简单的形式与功能的有效结合，还要特别关注人们的生活情境和生活方式。设计只有承接人类的传统文化（无论是传统还是时尚）并融入到现代消费文化中，才能走得更远、更好。

（八）参考文献

[1]胡德志.华丽的洛可可艺术[M].北京：人民美术出版社，1989.

[2]中央美术学院.外国美术简史[M].北京：中国青年出版社，2007.

[3]宋科新.洛可可艺术风格的渊源及对服饰的影响[J].南宁职业技术学院学报，2005.

[4]丁玉兰.人机工程学[M].北京：北京理工大学出版社，2000，67～68页.

[5]张锡.设计材料与加工工艺[M].北京：化学工业出版社，2004，110～115页.

[6]杜海滨.设计与风格[M].沈阳：辽宁美术出版社，2001，76~77页.

[7]赵江洪.设计心理学[M].北京：北京理工大学出版社，2004，89~90页.

[8]朱会平.产品与工艺品设计[M].哈尔滨：哈尔滨出版社，2000，100~101页.

[9]张展.产品设计[M].上海：上海美术出版社，2002，15~17页.

（九）致谢

感谢在我毕业设计期间给予我支持和帮助的老师和同学们，尤其感谢老师的指导和帮助！在我每次设计遇到问题时，正是老师不辞辛苦的讲解，使我的设计得以顺利地进行。从设计的选题到资料的搜集，直至最后设计的修改，花费了老师很多的宝贵时间和精力，在此向导师表示衷心地感谢！

另外，还要感谢和我同一设计小组的几位同学，在平时设计中是你们与我一起探讨问题，并指出我设计上的误区，使我能及时地发现问题，并把设计顺利地进行下去；在此致以深深的谢意。感谢所有曾经教过我们、培养过我们的老师们！

三、 嘉兴职业技术学院毕业毕业设计展示及实物图

附录2 家具设计毕业设计案例

一、浙江工贸职业技术学院毕业综合实践实施计划报告（开题报告）书

（一）设计的产品名称

坐具设计——休闲椅的设计

（二）产品设计的市场考察分析

关于坐具市场的考察分两个方面进行：一是在网上搜集资料，二是进行访谈，从而使调查的结果更准确、更直观。

1. 网上搜集资料

（1）坐具的背景。坐具是人的生活用品的一部分，通常坐具都是家具——座椅。座椅作为日常生活和工作中普遍使用的工具，其重要性可想而知，针对不同人群，它与人体的结构、功能、尺寸形态等有着密切的关系。如处于生活节奏日益加快的都市里，工作的繁忙和紧张迫使办公人员不得不长时间坐于座椅上，并处于伏案工作的状态，从而形成习惯性的弯腰坐姿。久而久之，不正确的坐姿会导致臀部及腰部肌肉酸痛、腰椎后突、腰椎间盘突出以致整个脊柱生理弯曲的变形。不同造型、不同尺度的椅子支撑着人的各种坐姿，一把好的坐具不但能缓解疲劳、使人感到舒适，甚至还具有对不良坐姿进行自然矫正的功能。大部分人因为工作或者学习中长时间的不良坐姿而饱受腰椎疾病的痛苦煎熬，因此，以人机工程学和生物学的理论为依据，对座椅椅面进行科学合理的设计，最终目的是使人在工作、学习状态保持腰椎曲线前突而不是后突，保持接近人体站立时候脊柱的正常生理弯曲，稳定骨盆，提供合理的压力分布，从而预防及减少人体脊柱尤其是腰椎方面的疾病，养成健康坐姿。

（2）坐具的发展现状

① 座椅分类。按照用途分类：机场座椅、汽车座椅、公交座椅、家庭座椅、餐厅座椅、休闲座椅等。按照材料分类：铝合金座椅、不锈钢座椅、铁制座椅、木制座椅以及其他材料座椅等。

② 座椅发展现状。随着市场的竞争和社会的发展，人们对坐具的要求已经不单单是功能上的满足了，在造型和材质等方面也有所追求。

2. 访谈部分

通过对访谈结果的整理和分析，我发现人们在使用坐具的过程中还存在很多问题。这次受访对象的年龄跨度为10～60岁。在访谈的50个人中，大多数受访者在挑选坐具时，最注重坐具的舒适度。座椅坐着舒服，可以放松身心。少数人注重坐具的牢固性，有的座椅使用久了就会摇晃，坐着不安全。还有几个人重坐具的外观。为此，针对坐具的舒适性，我们又做了进一步的访谈。基本上所有的受访者都认为坐具以保护腰部和颈部为首要。对于十几岁的学生而言，则是保护背部的脊椎要紧。由于受访对象多数为年轻人，在问及平时使用哪种坐具居多的时候，得到的答案基本上是电脑椅。电脑已经成了人们生活中必不可缺的一部分，白领上班的时候使用的是电脑椅，一般的家庭主妇忙完家务活也是坐在电脑前玩电脑，退休老人也是通过电脑得到最新的新闻资讯。因此，在问"喜欢有升降轴和轮子的椅子还是喜欢普通的座椅"时，多数人回答是前者。在坐具的附加功能方面，多数人希望坐具不仅仅是能坐，最好还能躺。其中一个二十几岁的家庭妇女说希望鼠标可以直接放在座椅上使用，这样手就舒服多了。还有一部分的人希望坐具也兼具储物功能，可以放些零食或者书本。在使用坐具的过程中，这些被访者多多少少遇到过一些问题。比如坐具的靠背角度不对，导致坐久了背部不舒服；坐具的高度有问题；有些板凳不够牢固，凳子表面上的钉子会勾破裤子；坐具的边角太尖锐等。这些被访者对户外座椅都没有特别的看法，其中一个10岁的学生说，在人流量较多的公共场合可以适当地增加户外座椅的数量。

这些受访者表示，在平时休息的时候都喜欢背靠在坐具的靠背上，全身放松。还有一部分受访者也

（续表）

希望能有一把椅子可以帮助自己养成正确的坐姿。对于在参加户外活动时携带便捷的座椅，大部分的受访者觉得没有必要，因为另外携带座椅会增加负担。有几个认同的受访者则是希望便捷的座椅体积小、重量轻。

经过这次市场调研了解到，不同坐具的受欢迎类型也不一样。其中，最受欢迎的办公椅为皮或布等软质材料、靠背柔软、可调节或升降的椅子。室内休闲椅最受欢迎的是可折叠躺椅以及电脑椅。公共座椅当中，由于木椅在冬天的时候不会像石椅那样冰冷从而较受人们欢迎。市面上的汽车座椅大都类似，灵活、易清洗、不易损坏且安全的汽车座椅较受欢迎。

（三）产品设计的基本内容

通过对市场调研结果的归纳、整理和分析，我了解到，不管是哪个行业的人群，他们对坐具的要求基本是一样的：要坐着舒服，最好能当床可以躺；坐着的时候既可以使身体放松，又能有效地保护身体的每个部位。而一款好的休闲椅正可以满足他们的这些要求。

款式方面：现代化，主要注重简约的外观设计，表面质感更加舒适，色彩更加个性化。

功能方面：以坐为主要的使用形式，能让人放松，在处于半睡的状态时得到全身放松和休息。

材料方面：整个椅面以布为主要材质，椅架主要由钢材做成。

人机方面：使人的肌肉处于松弛状态，能最大程度地接近脊柱的自然生理弯曲。

市场方面：目前市场上躺椅的价位主要在3个档次：低档在200~500元，中档在500~2000元，高档在2000元以上。而一款好看又实用的中档休闲椅人们应该还可以接受。

针对人群：使用人群主要为朝九晚五的上班族和一些主要在家里工作的自由职业者。这类人能接受新鲜的事物，喜欢追求时尚。

总的来说，这款躺椅的设计主要倾向于外观造型新颖，简约而不简单，色彩更具个性化，也强调设计的实用性和舒适性。

（四）产品设计制作的基本方法及步骤

1．产品设计制作的基本方法

（1）网上搜集与调查坐具的相关资料。网上搜集的资料包括坐具的分类、造型、功能、材料、色彩和坐具的发展现状及流行趋势。

（2）对坐具市场进行访问调查。访问调查分为现场访谈和网上问卷访谈。现场访谈的地点有公园、书店、街道、速食店、超市、小区等。网上问卷访谈的主要发放对象有白领、学生、个体营业主等。

（3）访谈调查后分析总结，得出结论。整理并分析访谈的结果，对所得出的数据进行统计、分析、归纳与总结。并对此做相关趋势分析，得出个人总结。

（4）根据所得出的结论进行产品方案的设计。根据所得出的结论确定自己的设计方向，并参考网上的相关资料开始进行方案设想和草图绘制。针对人们在使用坐具的过程中所遇到的问题对自己的设计进行改善。

（5）确定设计方案。从绘制的草图方案中，选出较为满意的方案给指导老师审核。将通过的方案进行改善和细化。

（6）制作产品效果图、图纸、模型、展示版面。建模并渲染，得到产品效果图；制作产品二维图并打印成0号图纸。制作模型，采用学校的模型工具来制作，技术未达到的部分可拿到校外请模具技术部门制作。后期的版面要将其制作成展板的形式以便展出。

2．产品设计制作的步骤

（1）确定设计主题。

（2）进行前期的市场调研。

① 网上查阅资料。

② 了解坐具的有关内容（包括其功能、材质、款式等）。

③ 制作市场调研的访谈问卷，进行市场调查（网上和实地）。

（续表）

④ 调研后分析、归纳，得出所需数据，完成市场调研设计报告书。

⑤ 后期的调研总结。

（3）完成开题报告，提出具体的毕业设计计划表。

（4）方案的提出到制定和建模渲染、排版。

① 开始提出方案，前期草图绘制。

② 经审核通过后进行建模渲染。

③ 二维的尺寸图和效果图排版。

（5）模型实体的制作。

（6）展示版面的制作，刻制数据光盘。

（7）毕业答辩与设计的展示。

进度表

内容＼时间	11.14—11.25	11.28—12.4	12.5—12.11	12.12—12.18	12.19—12.25	12.26—1.1	1.1—1.4
市场调研报告	▬						
开题报告		▬					
构思草绘			▬				
电脑效果图				▬			
制作模型					▬	▬	
版画制作						▬	
设计报告书						▬	▬

（五）成果形式

（1）效果图：多角度或多视图。

（2）实物模型：1∶1或按比例缩小。

（3）设计说明书（报告书）：尺寸A4，横竖自定；数量≥20页。

（4）0号图纸：标准AutoCAD2006格式，即".dwg"格式。

（6）展示版面：60cm×160cm，竖构图1张。

（六）指导老师审核意见

指导老师签名：

年　　月　　日

二、浙江工贸职业技术学院毕业设计说明书

学　　校：浙江工贸职业技术学院
题目名称：坐具设计——休闲椅的设计

序言

——烦，并收获着

　　毕业设计，这四个字并不陌生。很多人刚听到的第一反应是"真麻烦"，当然，我也不例外。想想要花整整两个月的时间在它上面，想来它真的是很难"搞定"。但有两个月的时间可以去做一个设计，那也算是一件轻松的事。就这样，我怀着毕业设计真麻烦以及可以看看自己的能力到底有多少的心情，开始了我的设计。

　　设计真的是一个很奇妙的东西，它存在于生活的细枝末节，也存在于与你毫无交集的领域。当得知这次毕业设计的主题为"坐"的时候，我不免感到一丝庆幸。坐，这个日常生活中，每天必不可少的动作，我想每个人都太有体会了。但在开始查找坐具资料时，发现现代的座椅多种多样，我所能想到的及想不到的都可以在网上看到。所以，画草图就成了非常痛苦的一个阶段，想要在已有的坐具中找到一个新的突破点，真的不是一件容易的事。

　　经过指导老师一次次的悉心指导，以及和同学的一次次讨论，属于我的方案终于有了雏形。

　　设计从来不会是完美的，一个设计很多人喜欢，只能说这是一个成功的或者好的设计，但不会是一个很完美的设计。这次我的设计只能说是尽了我最大的努力，当然说不上很成功，离完美的距离还有很远，但我还是对它充满信心，因为这是我通过自己的努力，把它由最初的存在于脑子里的想法转化成草图再做成实物，且它让我在整个过程中收获很多。

　　如果有人问：你觉得毕业设计怎么样？我想我会说：毕业设计，好比是一次重生的机会。它让我在两个月的时间内，重新审视了自己在大学三年的学习成果，也是它把我逼到绝望然后又重新带给我希望和信心。我对它的心情，用又爱又恨来形容最为贴切。当然，它依是一个很麻烦的东西。

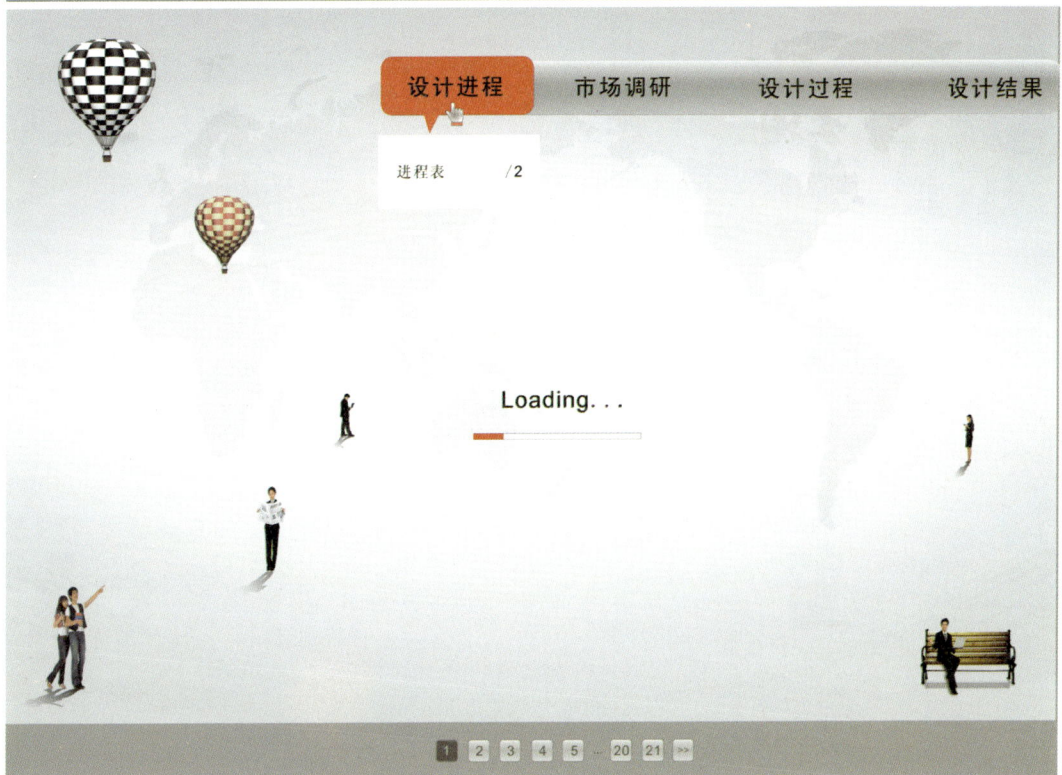

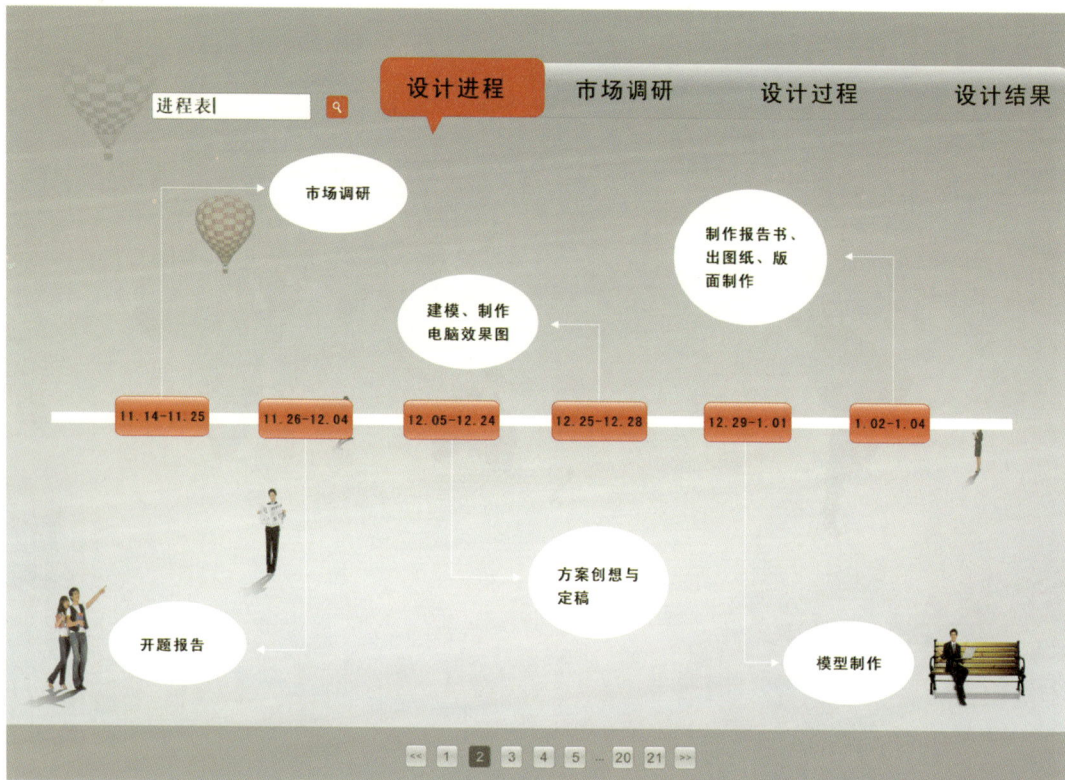

设计进程　　市场调研　　设计过程　　设计结果

进程表|

市场调研

制作报告书、出图纸、版面制作

建模、制作电脑效果图

| 11.14-11.25 | 11.26-12.04 | 12.05-12.24 | 12.25-12.28 | 12.29-1.01 | 1.02-1.04 |

方案创想与定稿

开题报告

模型制作

<< 1 2 3 4 5 ... 20 21 >>

设计进程　　市场调研　　设计过程　　设计结果

Loading. . .

<< 1 2 3 4 5 ... 20 21 >>

设计进程　　**市场调研**　　设计过程　　设计结果

坐具的背景和现状

为了满足人们的坐姿所需，人们发明了各种形式的坐具，其中不乏外形美观的，功能实用的，美观实用两者兼顾的，符合人机工程学的、符合生物学等等。坐具是人的生活用品的一部分，通常坐具都是家具——座椅。

座椅作为日常生活和工作中普遍使用的工具，其重要性可想而知，针对不同人群，它与人体的结构、功能、尺寸形态等有着密切的关系。例如处在生活节奏日益加快的都市里，工作的繁忙和紧张，使办公人员不得不长时间处于座椅上并处于伏案的工作状态，有习惯性的弯腰坐姿。久而久之，不正确的坐姿会导致臀部及腰部肌肉酸痛、腰椎后突、腰椎间盘突出，以致整个脊柱生理弯曲的变形。不同造型、不同尺度的椅子支撑着人的各种坐姿，一张好的坐具应该不但能缓解疲劳，使人感到舒适，甚至还具有对不良坐姿进行自然矫正体形的功能。

大部分人因为工作或者学习中长时间的不良坐姿而饱受腰椎方面的痛苦煎熬，因此，以人机工程学和生物学的理论为依据，对座椅椅面行进科学合理的设计，最终目的是使人在工作、学习状态保持腰椎曲线前突而不是后突，保持接近人体站立时候脊柱的正常生理弯曲，稳定骨盆，提供合理的压力分布，从而预防及减少人体脊柱尤其是腰椎方面的疾病，养成健康坐姿。这是本次访问的重点方面之一。

座椅分类
按照使用的分类：机场座椅、汽车座椅、公交座椅、家庭座椅、餐厅座椅、休闲座椅等。
按照材料分类：铝合金座椅、不锈钢座椅、铁制座椅、木制座椅以及其他材料座椅等。

<< 1 2 3 **4** 5 6 … 20 21 >>

设计进程　　**市场调研**　　设计过程　　设计结果

计划

🔸 1）　在图书馆、网站、广告、家居城等收集大量的相关资料。

🔸 2）　根据收集到的资料设计好相关的访谈问题。

🔸 3）　对50个不同职业、性别及年龄的消费者进行访谈。

🔸 4）　分析访谈的结果，并得出结论。

<< 1 … 3 4 **5** 6 7 … 20 21 >>

调查研究方法和操作|

设计进程　　**市场调研**　　设计过程　　设计结果

1)　访谈法：掌握访谈法的类型及特点；个别访谈的一般过程；重点掌握个别访谈的技巧。

2)　观察法：掌握观察法的含义、类别、基本原则和特点。

3)　文献法：掌握文献和文献研究的含义；重点掌握文献研究的特点和作用；文献的定性研究的特点和步骤；文献的内容分析的含义和步骤；文献定性与定量研究的关系。

4)　试点调查法：重点掌握试点调查法的含义及特征；试点调查会议调查法；掌握会议调查法的含义和种类。

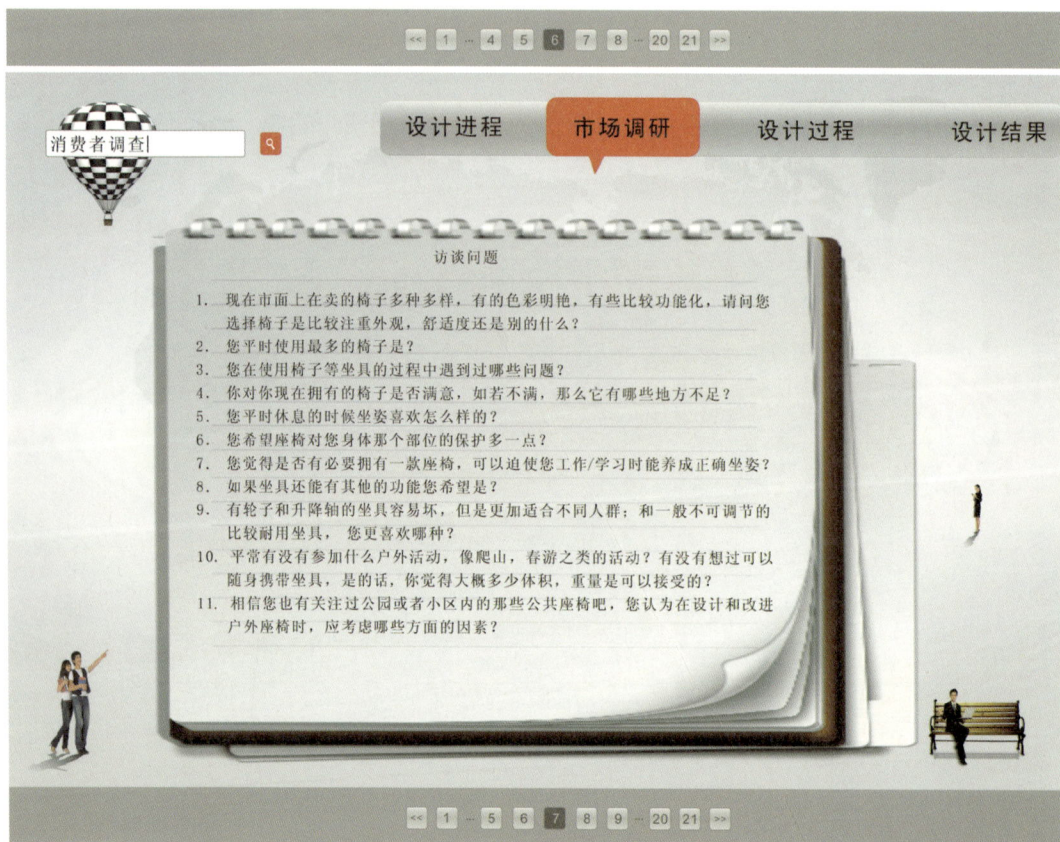

消费者调查|

设计进程　　**市场调研**　　设计过程　　设计结果

访谈问题

1.　现在市面上在卖的椅子多种多样，有的色彩明艳，有些比较功能化，请问您选择椅子是比较重外观，舒适度还是别的什么？

2.　您平时使用最多的椅子是？

3.　您在使用椅子等坐具的过程中遇到过哪些问题？

4.　你对你现在拥有的椅子是否满意，如若不满，那么它有哪些地方不足？

5.　您平时休息的时候坐姿喜欢怎么样的？

6.　您希望座椅对您身体哪个部位的保护多一点？

7.　您觉得是否有必要拥有一款座椅，可以迫使您工作/学习时能养成正确坐姿？

8.　如果坐具还能有其他的功能您希望是？

9.　有轮子和升降轴的坐具容易坏，但是更加适合不同人群；和一般不可调节的比较耐用坐具，您更喜欢哪种？

10.　平常有没有参加什么户外活动，像爬山，春游之类的活动？有没有想过可以随身携带坐具，是的话，你觉得大概多少体积，重量是可以接受的？

11.　相信您也有关注过公园或者小区内的那些公共座椅吧，您认为在设计和改进户外座椅时，应考虑哪些方面的因素？

设计进程　　市场调研　　设计过程　　设计结果

访谈现场

1 … 6 7 **8** 9 10 … 20 21

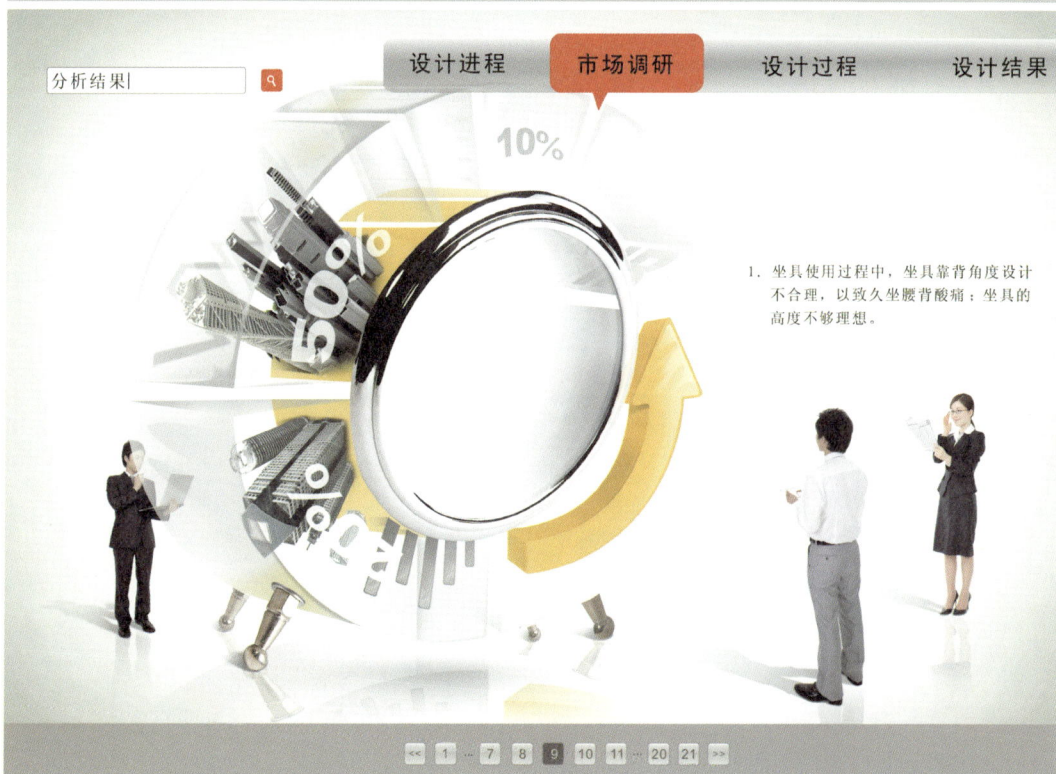

设计进程　　市场调研　　设计过程　　设计结果

分析结果

10%

1. 坐具使用过程中，坐具靠背角度设计
不合理，以致久坐腰背酸痛；坐具的
高度不够理想。

1 … 7 8 **9** 10 11 … 20 21

设计进程　　**市场调研**　　设计过程　　设计结果

分析结果|

100%
90%
80%
70%
60%
50%
40%
30%
20%
10%
0%

80%

10%

5%

5%

2. 大部分人在挑选椅子的时候，注重的是椅子的舒适度。
一部分人会重视整体的搭配。极少部分人先考虑的是椅
子的功能和质量。

<< 1 … 8 9 **10** 11 12 … 20 21 >>

设计进程　　**市场调研**　　设计过程　　设计结果

得出结论|

问题总结
① 对坐具的舒适度重视度很高。而且由于长时间的着，坐姿不正确和椅
子不适使得她们经常感到腰酸背痛。
② 特别希望可以保护自己的腰椎和颈椎。
③ 喜欢有靠背、可调节的座椅，希望椅子可以满足躺下、半蹲的功能需求。
④ 在户外活动时，能接受体积小、重量轻、携带方便的坐具。
⑤ 有些人知道跷二郎腿等坐姿不对，但是没时间没精力去管，所以大部分
人觉得需要有一款座椅可以迫使自己坐姿正确。

设计课发展方向
① 符合人机工程学和生物学的座椅，提供合理的压力分布，从而预防及减少
人体脊柱尤其是腰椎方面的疾病煎熬。
② 用材环保，在造型设计上可与户外环境协调的户外坐具。
③ 可以折叠、便携、耐用易清洗的板凳、钓鱼椅等。
④ 设计造型奇特，有新材质、新的组装方式、新组合的坐具。
⑤ 由于访问的坐具集中在工作椅，也可以设计驾驶坐姿和特殊坐姿的坐具。

<< 1 … 9 10 **11** 12 13 … 20 21 >>

设计定位丨

设计进程　　**市场调研**　　**设计过程**　　**设计结果**

款式方面：现代化，主要注重简约的外观设计，表面质感更加
　　　　舒适，色彩更加个性化。
功能方面：以坐为主要的使用形式，能让人放松，在处于半睡
　　　　状态时得到全身的放松和休息。
材料方面：整个椅面以塑料为主要材质，椅架主要由钢材做成。
人机方面：使人的肌肉处于松弛状态，能最大程度的接近脊柱
　　　　的自然生理弯曲。
情感方面：增进人与人之间的交流，并使交流更情趣化。
针对人群：使用人群主要为朝九晚五的上班族和一些主要在家里
　　　　工作的自由职业者。这类人能接受新鲜的事物，喜欢
　　　　追求时尚。

　　总的来说，这款躺椅的设计主要倾向于外观造型的新颖，简
约而不简单，色彩更具个性化，也强调设计的实用性和舒适性。

设计进程　　**市场调研**　　**设计过程**　　**设计结果**

矩阵图　　　　　　/14
草图　　　　　　　/15
筛选流程与方案　　/17
方案解读　　　　　/18

Loading. . .

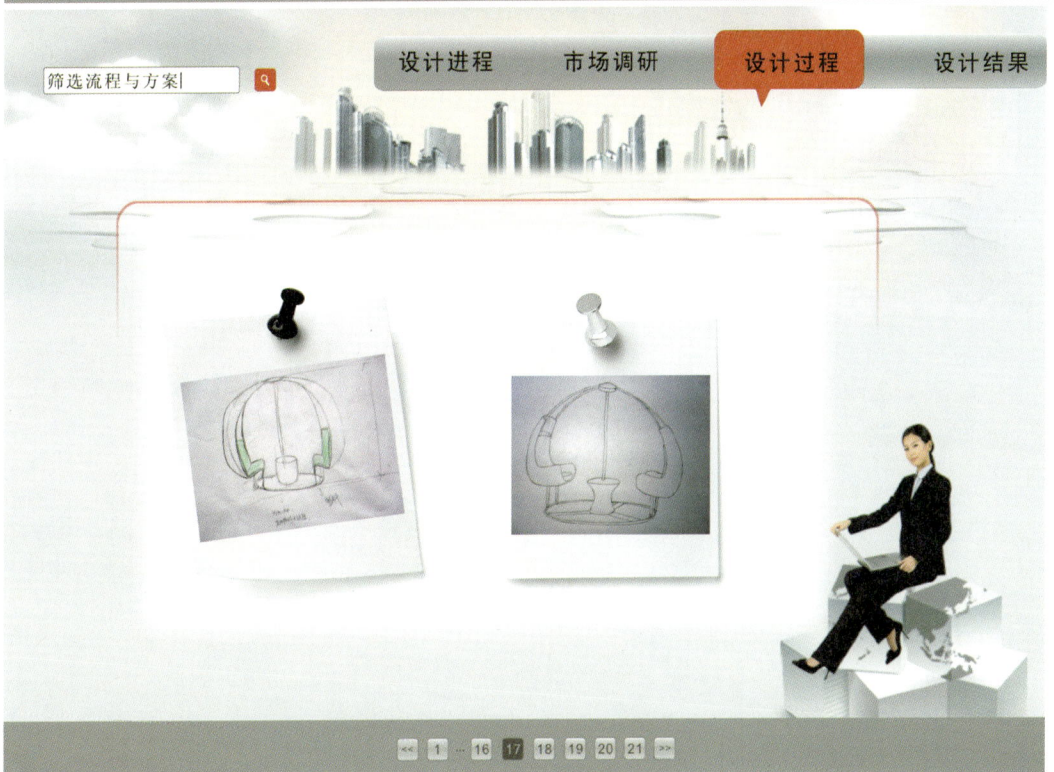

方案解读|

设计进程　　市场调研　　**设计过程**　　设计结果

关键词

新颖 交流 旋转 休闲

外观

在外观上与一般的椅子有很大的区别,它是由两把椅子绕着中心轴旋转。

结构

由两把椅子绕着中心轴旋转,底下则是由轮子绕着轨道旋转。

功能

中间的小茶几可以用来放些小东西,如饮料、零食等。
通过旋转,可以调节两把椅子之间的距离。

<< 1 ·· 17 **18** 19 20 21 >>

设计进程　　市场调研　　设计过程　　**设计结果**

三视图　　　/20
效果图　　　/21

Loading. . .

<< 1 ·· 17 18 **19** 20 21 >>

三视图

设计进程　　市场调研　　设计过程　　设计结果

600 mm
190 mm
1950 mm
2160 mm

<< 1 … 17 18 19 **20** 21 >>

效果图

设计进程　　市场调研　　设计过程　　设计结果

<< 1 … 17 18 19 20 **21**

参考文献

1. 姚浩然. 人格化家居形态设计思想探析[J]. 家具与室内装饰, 2011

2. 张剑. 家具艺术化设计的时代意义[J]. 家具, 2011

3. 陈芳. 关于椅子设计的思想和方法的研究[D]. 中南林业科技大学, 2006

4. 王迪. 产品设计中的时尚与功能[J]. 工业设计, 2011

5. 张云龙, 张志荣. 设计, 无处不在[J]. 工业设计, 2011

6. 胡新明. 椅子的故事——以功能扩展法演绎设计创意的思维[J]. 设计艺术, 2011

7. 洪凯. 创新思维与创新设计技法研究[D]. 浙江大学, 2009

8. 宋武. 人机工学研究对于产品设计的支撑[J]. 创意与设计, 2010

9. 甘桥成, 徐人平. 产品设计的设计美学评价[J]. 设计艺术, 2010

10. 陆剑维, 张福昌, 申利民. 坐姿与座椅设计的人机工程学探讨[J]. 人类工效学, 2005

11. 余继宏, 吴智慧. 家具设计的传播过程研究[J]. 家具与室内装饰, 2011

Done

三、浙江工贸职业技术学院毕业设计展示

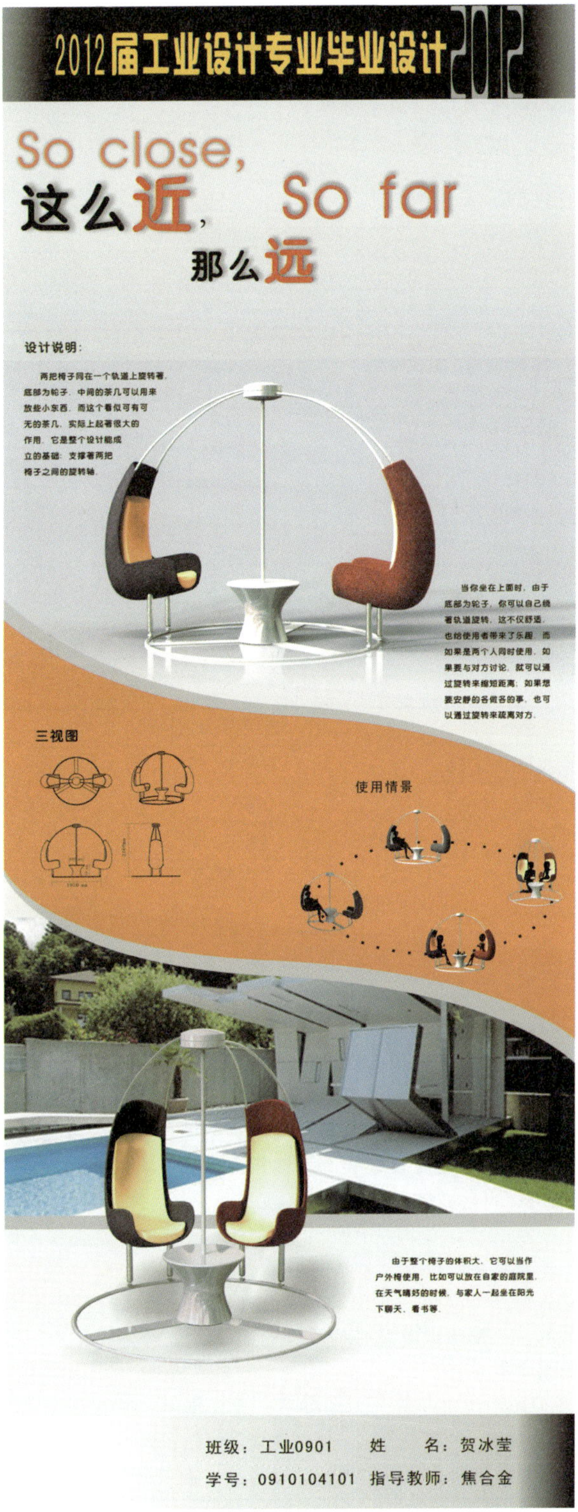

附录3 服饰设计毕业设计案例

学　　校：金华职业技术学院
题目名称：礼服系列设计与制作——"鸿澜袍"

目　　录

一、金华职业技术学院毕业综合项目任务书

课题名称	礼服系列设计与制作		
学　　院	艺术设计学院	专业/班级	服装102
学生姓名	吴微微	学　　号	20103709012 0228
指导教师	胡雅丽	单位/职称	艺术设计学院/副教授
课题来源	创新设计	成果形式	设计图+实物
合作单位	无	同组同学	无

（一）课题的主要内容、任务和目标、基本要求

1. 课题主要内容：

本课题属于礼服系列设计与制作，要求结合2013年女装流行趋势，明确设计定位，设计一系列现代女性礼服。用服装效果图、平面款式图来表达设计方案，并附相应的设计说明。对各款服装进行样板设计，选择合适面料和工艺制作，同时明确展示方案，核算服装的制作成本。在设计与制作过程中对所学的服装款式设计、纸样设计、面辅料选购、成衣工艺制作等各个方面的知识进行一次综合性的运用。通过系列作品的设计制作，提升设计和工艺制作水平。

2. 课题具体任务目标：

（1）结合课题开展市场调研，查阅现代女性礼服的文献资料，收集相关的设计信息资源。

（2）确定主题，正确理解主题含义，明确设计定位。

（3）完成设计方案的构思、设计、修改、对比及确定。进行面辅料的采购，完成生产图的绘制。

（4）完成系列礼服的设计制作以及配件的设计与制作，最终完成文本一册和实物等成果。

3. 课题任务实施的基本要求：

（1）系列设计符合2013年流行趋势，主题鲜明，款式创新。

（2）系列设计要求工艺精细，找准设计点，能体现设计主题，设计初稿4套以上，正稿作品不少于4套。

（3）完成设计说明（灵感来源、设计构思）、平面款式图、彩色着装效果图，选择合适面料小样。

（续表）

（4）独立完成结构设计与结构图绘制。完成4套成衣的工艺制作。 （5）运用适当且巧妙的手段完成设计作品。 （二）实践要求 1．通过市场调研，准确地掌握市场信息，明确市场定位、消费人群、服装风格，从而编写调查报告，梳理设计思路。作品要符合2013年流行趋势，适应市场需求。通过此次课题任务的训练，提升自己把握市场的能力。 2．绘制彩色着装效果图、平面款式图及完成4套成品。 3．针对自己的设计选择合适的面辅料和正确的制作工艺方法，能基本核算成本。 4．能通过设计沟通不断地完善设计。
（三）进度安排 第一阶段：2012年11月5日至11月17日（第十周至第十一周） 公布选题，进行市场调研，了解流行趋势及市场信息，整理资料，确定毕业设计方向，设计初稿构思，选购各式材料及制作小样。 第二阶段：2012年11月18日至11月24日（第十二周） 设计指导教师辅导学生绘制设计正稿，包括着装效果图及正背面款式结构图。通过设计指导教师签字（规划稿背面）后确定系列款式。设计系列确定后，未经设计指导教师同意，不得随意更改。选购面辅料。 第三阶段：2012年11月25日至2012年12月22日（第十三周至第十六周） 纸样和成品制作。 第四阶段：2012年12月23日至2013年01月12日（第十七周至第十九周） 学生修改作品及服饰配件制作、展示与答辩、评优总结。
（四）推荐的主要参考资料 1．邓鹏举，王雪菲.服装立体裁剪[M].北京：化学工业出版社，2007. 2．徐裕国.中国婺剧服饰图谱[M].北京：中国戏剧出版社，2008. 3．周启风.服装设计与时装画技法[M].北京：清华大学出版社，北京交通大学出版社，2004. 4．阿诺德.时装画技法[M].北京：中国纺织出版社，2001. 5．中国服装网.http://www.efu.com.cn.
  指导教师签名： 　年　月　日

二、金华职业技术学院毕业综合项目主题定位分析报告

课题名称	礼服系列设计与制作——"鸿澜袍"		
学　院	艺术设计学院	专业/班级	服装102
学生姓名	吴微微	联系电话	18758922896
指导教师	胡雅丽	单位/职称	艺术设计学院/副教授

（续表）

（一）设计主题灵感及设计理念阐述

这是一个基于传统婺州戏服的、紧密围绕中国元素的系列礼服设计。中国戏曲文化历史悠久，内容博大精深，金华地方剧种婺剧的表演夸张、生动、形象，讲究武戏文做，文戏武做，其戏服的纹样、色彩与工艺技术是现代礼服设计灵感的重要源泉。此系列服装以表示忠诚、耿直、热情、吉祥的红色为主调，以湖蓝色为辅助色，来表达艳丽、明朗的视觉效果。设计元素采用婺剧服饰中的图案、流苏、金银线刺绣手工艺等具有典型戏服特色的元素演绎现代女装，主要表现为将戏服蟒袍中典型纹样——"蟒水"以"鳞片"的立体造型塑造出廓形独特的现代礼服。

本系列颜色主要选用中国红，衣服上大面积选用鳞片元素和海浪，红谐音"鸿"，有大雁的意思，鸿博吉利。蓝谐音"澜"在词典中有表示波浪的意思，故取名鸿澜袍。

在设计理念上，我以鳞片为元素，结合国际与国内市场的流行趋势，设计了系列服装。在设计手法上，采用在礼服上添加新元素以达到服装的效果。在缝制工艺上，坚持精致工艺。在设计中采用大红的织锦缎面料来做礼服，用湖蓝上加大红的布料和金银色盘线做成鳞片添加到礼服上，这些鳞片大小、疏密各异，均有次序地排列在礼服上的肩部、腰部、背部以突出女性的曲线美。大红的礼服、湖蓝色的流苏，使作品整体在视觉上充满冲击力。

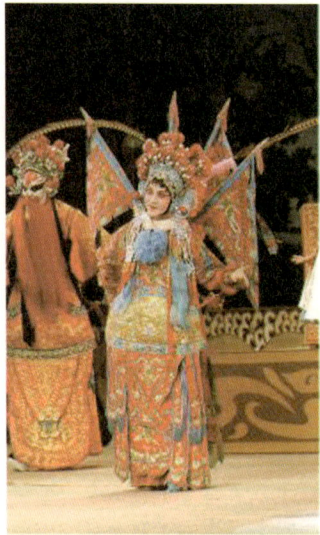

图1

（二）市场调研与分析

随着社会发展，服装千奇百怪，人们对富有本国文化元素的事物更为偏爱。其实全球时尚已经刮了很久"中国风"，"中国红"、"中国蓝"、"中国结"等都赋予流行更强劲的力量！例如此次NE·TIGER主题为"华·宋"的2013春夏高级定制华服发布会，延续了"贯通古今 融汇中西"的品牌精神，将宋代淡雅高贵、简洁婉约的服饰文化与轻盈通透、色彩柔和的2013年国际流行趋势巧妙融合，将观众带入琴音禅境的同时，也引领了国服文化的新时尚，展示了中国至臻高贵的华服设计和极致珍稀的服饰工艺所能承载的文化内涵。

许多国际著名品牌服饰以中国传统服装中的图案纹样、工艺手法、款式造型为创意的出发点，赢得了世人的瞩目。旗袍的各种装饰手法如立领、盘扣、镶、滚、绣等，还有各种标志性服装的造型如清代的披领、箭袖、官帽、补子等，都深受世界和国内设计师的青睐，常常加以借鉴。

中国风服饰的意义在于弘扬中华五千年的灿烂文化和永不言败的民族精神。要表现出中华民族的个性，首先要理解中华民族的文化，民族服饰也是民族文化的体现。譬如，中国人较为偏爱红色，红色是颜色中非常重要的一环，红色源自于中国的喜庆吉祥，体现了一种装饰性的、喜气的、祈福的民俗人文观。再如中国民族服饰图案在表现上有别于西方服饰观念，其最大特色就是具有祈福纳吉的内涵。透过这些妇女的衣裙演变而来的中国旗袍之所以能在世界服装之林占有重要的地位，关键在于其始终保持鲜明的民族个性和独特的民族风格。但是对待民族或传统素材不可原样照搬或拼凑，要学会融会贯通，结合现代设计手法和时尚特色加以提炼加工，使其生活化，更具时尚感、成衣感。

拥有一件独具风格的中国元素礼服是参加约会或者晚宴的最华丽的选择，而每年的红毯上总有几个明星用中国元素礼服吸引人眼球。

（三）设计思路

中国传统婺剧作为最具本土特色的艺术，充分展示了注重传统的金华的文化传承，特别是婺剧戏服常用的婺绣，色彩艳丽，吸引眼球。我想利用金银色设计并制作"鸿澜袍"系列礼服，使我的作品也

（续表）

充满华丽的感觉。主要手法是以鳞片（图2）为主要元素在肩部、腰部、后背等主要部分进行堆积、层叠，使整体呈现出夺目光彩的效果。

　　1．色彩。服装以中国红为主，用红蓝布的鳞片元素做装点，再加上湖蓝色的流苏、金色的盘绣，采用不同手法、不同光影来搭配多姿多彩的礼服，使其显得时尚、大气。

　　2．造型与细节。礼服廓形以简洁大方为主，细节主要是用鳞片和金银线缠绕以及中国结线缠绕的"蟒水（图3）"造型。肩部用堆积体现出球状（图4）的设计更能突出现代女性的独特气质魅力。收腰的服装轮廓，更能修饰女士的身材，展示女性的魅力，突显女性气质。裤脚下摆等多处采用金线刺绣的方式，使整件衣服更加华丽多彩，整套礼服充满浓郁诗情。

　　3．面料。采用光泽度较高的织锦缎。

图2
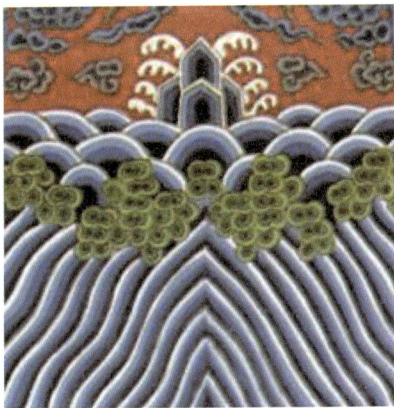
图3

图4

　　（四）预期目标

　　1．设计作品符合设计主题，体现中国风；

　　2．设计作品结合2013春夏礼服流行趋势，款式新颖独特；

　　3．独立完成设计作品，基本符合设计稿，做到工艺精细；

　　4．设计效果图，包括设计构思、款式图、结构图和效果图表现准确、完整；

　　5．成品效果能达到预期要求。

　　（五）进度安排

第一阶段：2012年11月5日至11月17日（第十周至第十一周）

　　确定主题，进行市场调查，了解流行趋势及市场信息，整理资料，确定毕业设计方向，设计初稿构思，选购各式材料及配件（小样）。

第二阶段：2012年11月18日至11月24日（第十二周）

　　绘制设计正稿，包括着装效果图及正背面款式结构图，选购面辅料。

第三阶段：2012年11月25日至2012年12月22日（第十三周至第十六周）

　　纸样和成品制作。

第四阶段：2012年12月23日至2013年01月12日（第十七周至第十九周）

　　修改作品及服饰配件制作、展示与答辩。

（续表）

（六）参考文献

1. 章永红.女装结构设计（上）[M].杭州：浙江大学出版社，2005.
2. 阎玉秀.女装结构设计（下）[M].杭州：浙江大学出版社，2005.
3. 阿诺德.时装画技法[M].北京：中国纺织出版社，2001.
4. 中国服装网：http://www.efu.com.cn.
5. 穿针引线服装论坛：http://www.eeff.net/.
6. 徐裕国.中国婺剧服饰图谱[M].北京：中国戏剧出版社，2008.
7. 袁利.一本纯粹的设计师手稿[M].北京：中国纺织出版社，2005.

指导教师审定意见：

指导教师签字：
年　　月　　日

三、设计说明

（一）设计定位

1. 市场调研与主题定位

现今社会经济发展迅猛，人们的生活水平逐步提高，在穿着上也开始追求艺术价值。在服饰设计中汲取传统文化元素的精华，是当今时尚潮流风格中独有的风情和魅力。从最新的时尚流行信息可以看到运用传统文化元素的是时尚设计中一股锐不可当的新趋势，它成为了设计元素中一种特殊的语言。因此将传统文化元素拆解、结合，并运用到服装上便是我本次设计的主题定位。中国戏曲文学历史悠久，内容博大精深。婺剧的表演夸张、生动，讲究武戏文做，文戏武做。此次系列礼服的设计创作灵感源于传统婺剧戏服，鳞片作为本次课题中国传统文化元素的拆解与结合运用的主体，不仅可以将一个独立自主的成功女性完美地展现出来，同时还能满足时下人们追求艺术价值的需求。

2. 人群定位

随着社会文明程度的不断提高和市场经济的迅猛发展，25～30岁的独立自主的成功女性越来越多，她们在社会中拥有举足轻重的地位。她们拥有优雅的气质和神态，追求与众不同的艺术价值，也将在她们服饰上得以体现。所以25～30岁的成功女性是本次设计课题的主要目标群体。本系列服装适合这个年龄段女性在节庆礼仪场合穿着，它以传统戏服——"蟒服"的色彩、图案与工艺等具有典型戏服特征的元素演绎现代女装。

3. 风格定位

民族风格的礼服是对中国传统文化元素运用的最好诠释。故本次设计的风格定位是中国风格礼服。

（二）设计方案

本系列为礼服设计，共4套服装，其灵感源于传统婺剧戏服，以表现忠诚耿直、热情、吉祥的红色为主调，湖蓝色为辅助色。在礼服设计中大部分的礼服都是为了将女性的完美曲线体现出来，而此次的作品也有同样的目的。

1. 初步设计方案的确定

经过一个多星期的图片资料收集，我结合流行趋势和市场调研，开始理清初步设计的思路，并围绕主题和灵感展开思考和设计，绘出一系列的草图。初步确定了设计方案，如图5所示。

图5

2. 设计方案的修改

初步方案确定以后，去市场选面料时，我发现自己需要的两种颜色的面料太少，也没找到理想的辅料，由此放弃自己原来的设计，保留原来的设计元素，并寻找新的面料与辅料。最终确定以中国红为本次设计的主题色彩，并用湖蓝作为辅助色彩加以平衡，使其更符合设计主题（图6）。

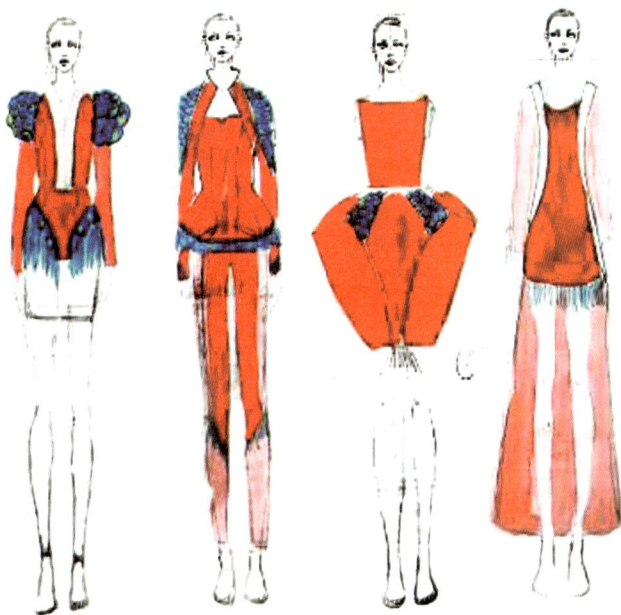

图6

3. 设计方案的最终确定

（1）A款——WXF01（图7）。最先确定的是此款，袖子和胯间的造型都是用鳞片进行堆积、层叠，使整体呈现出光彩夺目的效果。胯间的立体造型用流苏连接，由此显得简洁、大方，而不单调。裙摆上的金色刺绣更是在低调之中透露着奢华。

由于重点部位在衣服四周，从而显得整件衣服很单调，我在和指导老师探讨之后，决定在领口用金线缠回行纹，由此成了点睛之笔，整件衣服更加华丽多彩。

（2）B款——WXF02（图8）。此款的设计元素主要是在小外套披肩上，里面的背心采用收腰以及下摆敞开挺出屋檐角的形式，更能修饰女士的身材，凸显女性魅力。由于这件衣服的设计重点都在背部，使得衣服正面显得很单调，经过老师指点，我在背心下摆起翘的地方用刺绣的方式盘了个小鳞片。裤子的下摆也用同样的方法刺了许多小鳞片，使衣服整体效果更加完整。

（3）C款——WXF03（图9）。此款同样运用了鳞片元素进行堆积、层叠，使整体呈现出光彩夺目的效果。不同的是，这一款的设计重点由上面变成了腰部。与鳞片呼应着的还有袖口的假两层袖子，下摆金线刺绣的海浪华丽而含蓄，充满了艺术感染力。

（4）D款——WXF04（图10）。此款和其他款式的设计元素不一样，它的主要亮点是衣服正中以刺绣制作的"蟒水"图案，凸显立体感。

原来的设计里还有一个纱质的外套，但由于面料没选好，做出来的效果不理想就去掉了。此款的领子做成一个两件领的样式，领角小鳞片的颜色与衣服正中蟒水的颜色相呼应。肩饰、裙摆处做了流苏的装饰。而整个裙摆部分相对简单，着重突出了礼服正中的图案。最后出来的效果简单又不失高贵。

图7

图8

图9

图10

（三）工艺技术分析

在制作工艺上，我运用了平面制版、立体裁剪以及平面立体结合制图。缝制工艺主要采用手缝、车缝工艺。为了使服装更具戏剧色彩，我们还在表面做了图案，图案的表现方法除了刺绣外，为了在表面上不留任何线迹，特选择用"粘"的方法，使服装具有了更好的艺术表现力（图11）。

图11

（四）成本核算

1．面料

（1）大红织锦缎16米，单价17元/米。

（2）湖蓝织锦缎3米，单价17元/米。

（3）欧根纱2米，单价5元/米。

2．辅料

（1）树脂衬5米，单价8元/米。

（2）软衬共6米，单价1.5元/米。

（3）湖蓝流苏20米，单价4元/米。

（4）中国结线：55号线10袋，单价1.8元/袋；56号线10袋，单价1.8元/袋；黑色线2袋，单价1.8元/袋。

（5）金银线4袋，单价4.5元/袋；金银绳10米，单价2元/米。

（6）鱼骨10元。

（7）拉链4条，单价2元/条。

（8）里布共5米，单价5元/米。

3．配饰

（1）湖蓝毛球2个，单价0.5元/个。

（2）金属耳环钩子2对，单价1元/包对。

本系列设计费用合计：586元。

（五）设计总结

一个多月的毕业设计终于结束了。从市场调研到风格定位，从定稿到整个作品完成，这些过程让我更明白知识必须通过应用和实践才能实现其最终价值。一个多月的奋战，我设计的礼服基本上符合设计主题，达到了预期的效果。色彩的选择、面料的搭配都足以吸引人们的眼球。但同时还存在着一些不足，比如在工艺上可以做到更加精细，我还需要进一步地完善和提高自己的工艺，才能使自己的设计更加完整和完美。

通过这次毕业设计磨炼了我的意志和耐力，积累了许多知识和经验，得到了一笔宝贵的人生财富。现在我即将向我以后的人生目标迈进，我很感谢在这次毕业设计中帮助我的老师这一个多月不辞辛苦的细心指导，培养了我独立思考的能力，教会了我如何学以致用。在这次毕业设计中我也明白了付出了努力不一定有收获，但是不付出努力将绝对没有收获，付出了努力，至少我曾经坚持过。在以后的人生道路上我要努力坚定自己的目标，绝对不轻言放弃。

（六）参考文献

1. 陈建辉.服饰图案设计与应用[M].北京：中国纺织出版社，2008.

2. 孙世圃.服饰图案设计[M].北京：中国纺织出版社，2001.

3. 徐裕国.中国婺剧服饰图谱[M].北京：中国戏剧出版社，2008.

4. 酷哥网：http://www.kuge.com/page/yiyu/tzzqyy/yf/21536_5.shtml.

5. 穿针引线服装论坛：http://www.eeff.net/.

四、设计图及实物图

（一）款式一

生产图——款式设计稿

款号	WXF01	主题名称	鸿鹄袍	M号规格	
				肩宽	38
				胸围	84
				腰围	66
				臀围	90
				下摆	
				衣长	73
				后腰节	38
				袖口	32
				袖长	46
				腰围	
				臀围	
				裙/裤长	
				脚口	
				裙摆	
				直裆	

说明：

	姓名	日期	面料编号（帖样）	辅料编号（帖样）
设计	吴微微	2012.11.9		
样板	吴微微	2012.12.5		
样衣	吴微微	2012.11.9		
推档	吴微微	2012.12.9		

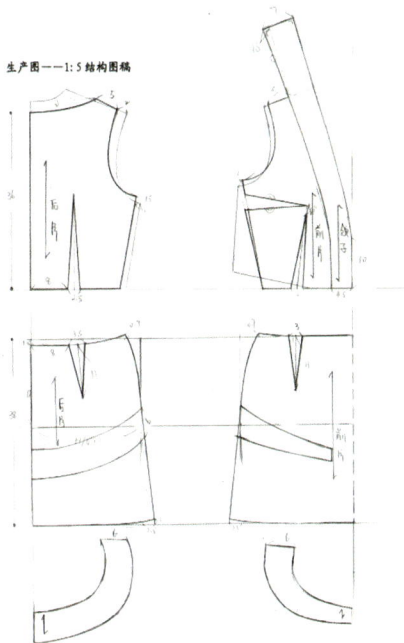

生产图——1∶5结构图稿

（二）款式二

生产图——款式设计稿

款号	W X F 02	主题名称	鸿澜袍	M号规格	
				肩宽	38
				胸围	84
				腰围	60
				臀围	90
				下摆	
				衣长	73
				后腰节	38
				袖口	30
				袖长	

说明：

	姓名	日期	面料编号（贴样）	辅料编号（贴样）
设计	吴微微	2012.11.8		
样板	吴微微	2012.41		
打样	吴微微	2012.1.9		
面料				

生产图——款式设计稿

款号	W X F 02	主题名称	鸿澜袍	M号规格	
				肩宽	
				胸围	
				腰围	
				臀围	
				下摆	
				衣长	
				后腰节	
				袖口	
				袖长	
				腰围	61
				臀围	90
				横裆	60
				脚口	
				裤长	68
				直裆	水

说明：

	姓名	日期	面料编号（贴样）	辅料编号（贴样）
设计	吴微微	2012.9		
样板	吴微微	2012.12.4		
打样	吴微微	2012.12.9		
面料				

生产图——1:5结构图稿

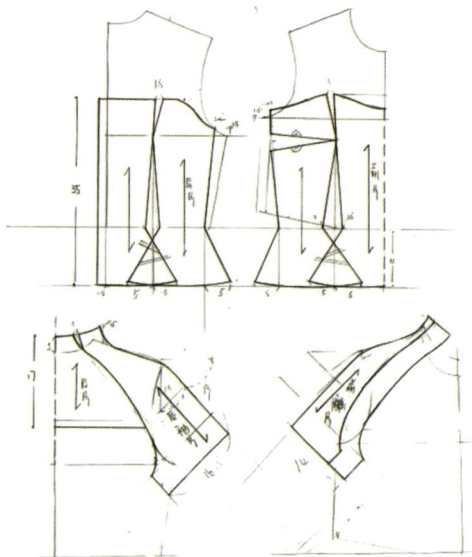

（三）款式三

生产图——款式设计稿

（四）款式四

生产图——款式设计稿

款号	W3F04	主题名称	鸿濛袍	M号规格	
				肩宽	30
				胸围	84
				腰围	66
				臀围	90
				下摆	
				衣长	90
				后腰节长	38
				袖口	
				袖长	
				摆围	
				臀围	
				裙/裤长	
				脚口	
				领长	
				其他	

说明：

	姓名	日期	面料编号（贴样）	辅料编号（贴样）
设计	吴微微	2012.11.19		
样板	吴微微	2012.12.19		
样衣	吴微微	2012.12.20		
审核				

生产图——1:5 结构图稿

参考文献

[1] 罗明.现代企业营销理论与实践[M].北京：气象出版社，1998.

[2] 符国群.消费者行为学[M].北京：高等教育出版社，2000.

[3] 梁小民.西方经济学[M].北京：中国社会科学出版社，2000.

[4] 汤定娜.中国企业营销案例[M].北京：高等教育出版社，2000.

[5] 朱会平.产品与工艺品设计[M].哈尔滨：哈尔滨出版社，2000.

[6] 张展.产品设计[M].上海：上海美术出版社，2002.

[7] 张锡.设计材料与加工工艺[M].北京：化学工业出版社，2004.

[8] 杜海滨.设计与风格[M].沈阳：辽宁美术出版社，2001.

[9] 赵江洪.设计心理学[M].北京：北京理工大学出版社，2004.

[10] 王雪青.构想与实现[M].杭州：浙江人民美术出版社，2012.

[11] 刘晓刚.品牌服装设计[M].上海：东华大学出版社，2007.

[12] 赵平.服饰品牌商品企划[M].北京：中国纺织出版社，2005.

[13] 贾芸.服装设计/毕业设计丛书[M].哈尔滨：黑龙江美术出版社，2008.

[14] 刘鑫.定位决定成败[M].北京：中国纺织出版社，2007.